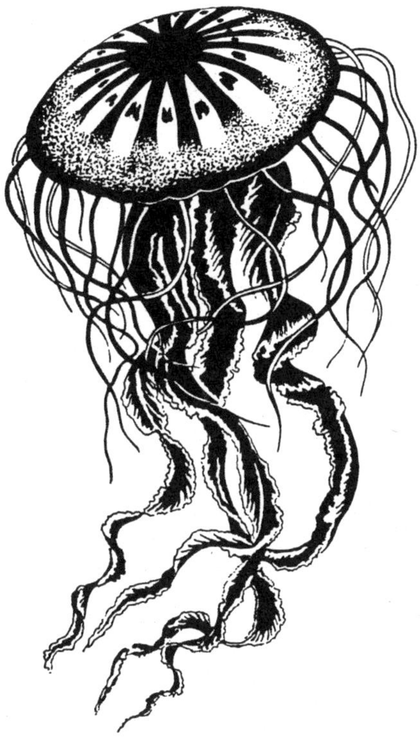

SYMMETRY
THE ORDERING PRINCIPLE
by David Wade

シンメトリー

対称性がつむぐ不思議で美しい物語

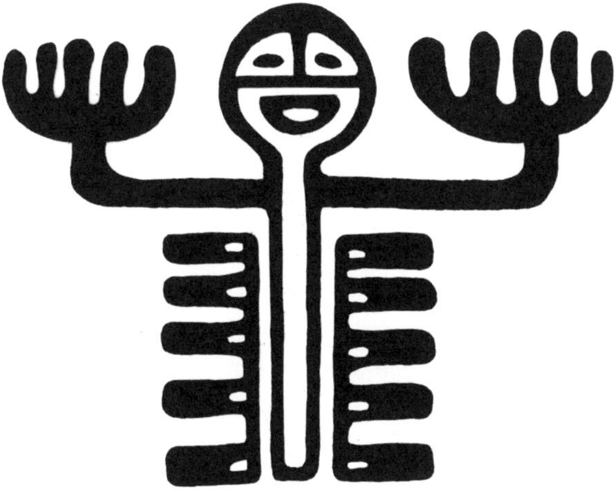

デーヴィッド・ウェード 著

駒田 曜 訳

エミール・ブーランジェに

2点を除き、図版はすべて著者による。（39頁の日本の松皮菱模様は*Chronicle Books*のご好意でJeanne Allenの*Japanese Patterns*の図を使わせて頂いた。45頁のエミー・ネーターの肖像画はジェシー・ウェードによる。）

このテーマについてより詳しく知りたい方は、Leon Lederman and Christopher Hillの*Symmetry and the Beautiful Universe,* Mario Livioの*The Equation that Couldn't be Solved,* Istvan and Magdolna Hargittaiの*Symmetry, a Unifying Concept*などをお読みになるようお勧めする。

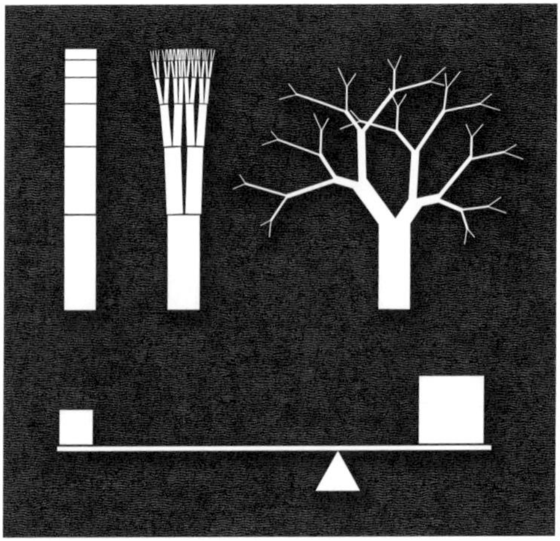

「均衡をして、数や大きさの中だけでなく、音、重さ、時間、位置、そしてあらゆる力の中にも存在せしめよ」——レオナルド・ダ・ヴィンチ

上：ダ・ヴィンチは、1本の木を水平に切った時の断面積は木のどこでも等しいのではないかと推測した。その下のてこの図は、力が質量×距離に等しいという隠された対称性をあらわしている。「はじめに」の左頁：自然が生み出すシンメトリーの無限のバラエティ。エルンスト・ヘッケルによる珪藻の図。

もくじ

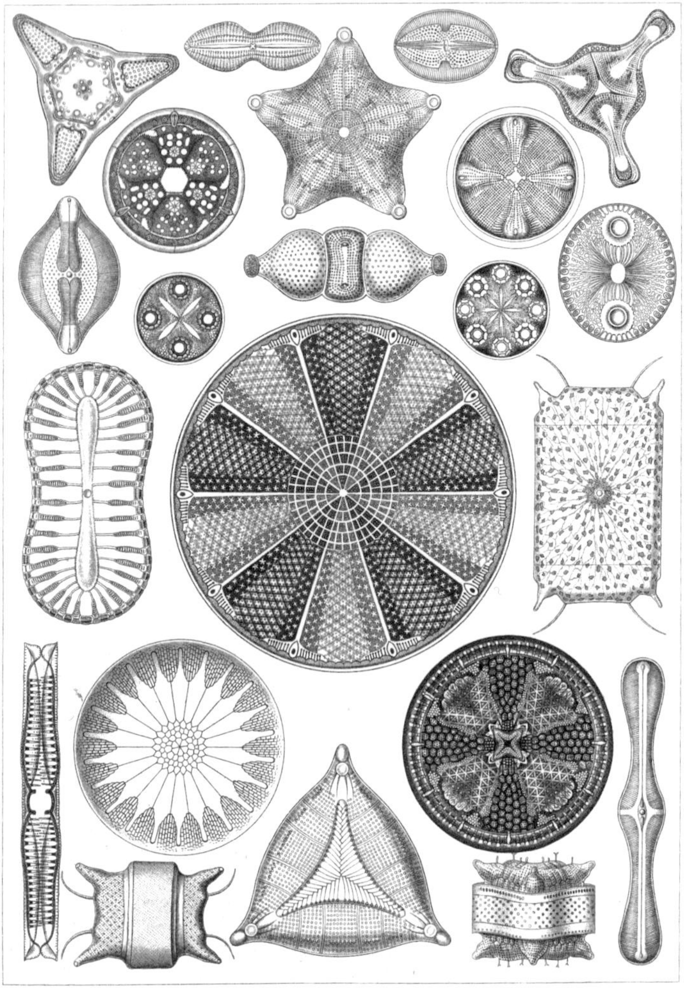

はじめに

シンメトリー（対称性）は幅広く注目されている。数学者も芸術家も関心を寄せ、物理にも建築にも関係がある。他の多くの分野もシンメトリーには一家言あり、「シンメトリーとは何か」や「シンメトリーはどうあるべきか」について独自の見解を持っている。どのようなアプローチを取るにせよ、われわれがここで扱うのは普遍的な原理である。しかし、日常生活で明々白々なシンメトリーを見かける機会はどちらかといえば少なく、はっきり対称と断定しにくいものが大部分である。では、シンメトリーとは何か？　シンメトリーをあらわす総括的な説明はあるのだろうか？　そもそも、明確に定義できるのだろうか？

ちょっと調べれば、この分野全体が矛盾に取り巻かれていることがわかる。まず、シンメトリー（対称）という概念はアシンメトリー（非対称）と分かちがたくもつれあっている。後者を考えることなしに前者を捉えることはできない（これに関連する秩序と無秩序という概念にも同じことが言えるし、他にも二元性を持つものはいろいろある）。シンメトリー／対称性はつねにカテゴリー化や分類や規則性の観察と関係している――早い話が、限定と関係している。だが対称性自体は無限で、その原則が通用しない場所はない。また、対称性原理の特徴は静けさ、騒がしい世界を超越した静止であるのに、一方では、何らかの形でほぼ常に変化や乱れや動きにもかかわっている。

このテーマを研究すればするほど、これが最も広範囲な研究分野のひとつであることと、しかし結局のところ最も不可思議な分野のひとつでもあることを思い知らされるのである。

配列

要素を等間隔で配置する

ひとくちにシンメトリーないし対称性と言っても中身は多様だが、それらに共通する要素を理解するうえで、「合同（同じ形であること）」と「周期性」の概念が役立つ。ほとんどのシンメトリーは何らかの形でこのふたつの要素を含んでおり、どちらかが欠けると対称性の低下や喪失につながる。

例えば、2つの同形の物体を互いに無関係に置けば、合同ではあっても秩序を持つ配列になっていないため、ただ形が同じだけである（右頁の*1*）。第3の物体を加えると、一定の規則性が現れ、パターンとして認識可能なものの基礎ができる（*2*）。

最も単純な形態の対称性は、ある形を一直線上で規則的に反復させることで表現でき（下）、これを発展させると配列にできる（*3*）。この種の単純な配置は理論上無限に広げていくことが可能だが、対称性を維持するには繰り返される要素とその間隔がともに一定でなければならない。

配列型のシンメトリーは自然界にもよく見られる。トウモロコシの実（*4*）、魚や爬虫類のうろこ（*5*）などである。こうした規則的な配置は人間が作る美術品や工芸品にもひんぱんに登場する。シャーマンの装束の模様（*6*）はそのほんの一例である。配列に際して機能的基準と美的基準の両方が働いていることは、レンガ壁や屋根瓦のパターン（*7*、*8*）を見ても明らかである。

1. ただの同じ形。

2. 3つ並ぶとパターンが現れる。

3. シンメトリカルな配列には決まった間隔がある。基本的に、あらゆる対称性は「不変性」あるいは「自己一致（移動させるとぴったり重なる）」に基づいている。幾何学的対称性においてそのために必要な運動は（単純な反復、鏡映、回転のどれであれ）アイソメトリーと呼ばれる。（巻末用語解説参照）

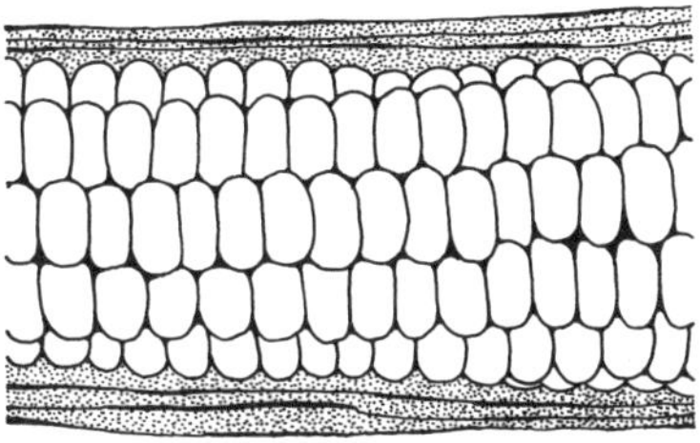

4.

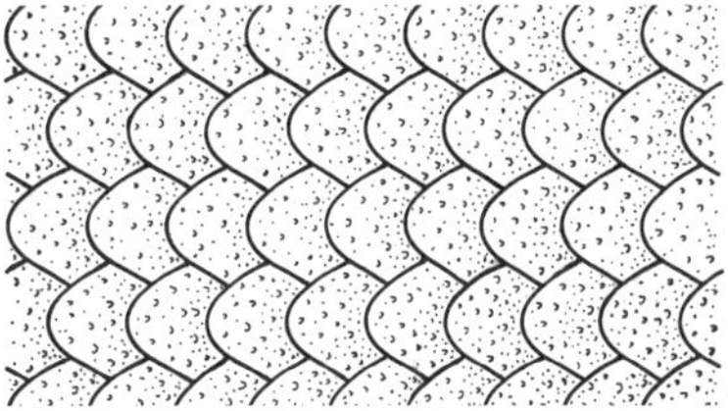

5.

6.

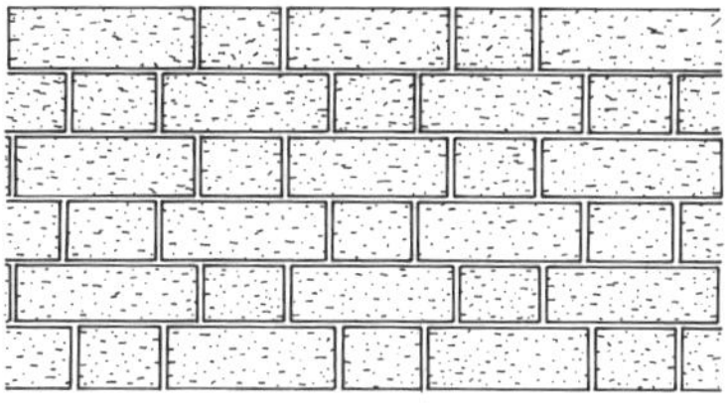

7.

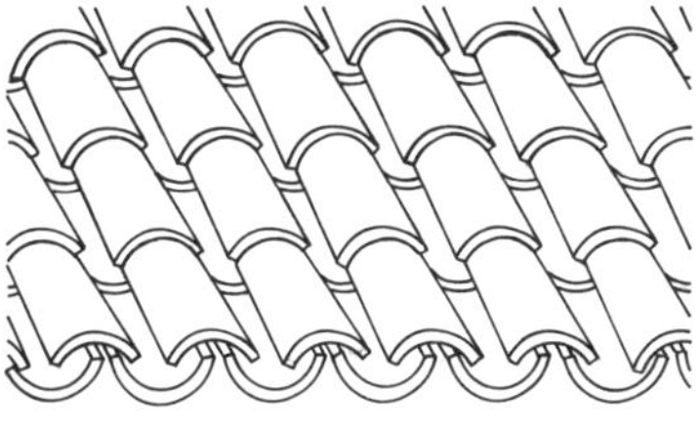

8.

回転と鏡映

点対称・線対称・二面対称

シンメトリーにはさらに、回転と鏡映という2種類の基本的な現れ方がある。どちらも合同や合致の概念、つまり向きは違っても互いに対応する部分が一致するということに基づいている(下)。単純な回転対称では、構成要素は中心点の周りに等間隔で配置される(*1-4*)。二次元の回転対称のうち180°回転で重なるものを点対称という。

こうした回転対称の場合、構成要素は左右反転のない同形であり、直接的に合同である。一方、鏡映対称では左右が反転した像が反射軸〔対称軸〕をはさんで配置され、裏返しの合同になっている(*5*、*6*)。二次元で反射軸が1本だと線対称と呼ぶ。

最も基本的な回転対称は、2つの構成要素が中心点をはさんで向かい合わせに置かれる。一般的なトランプのカードがこれにあたり、カードを2つに切ると同じ図柄2枚になる。巴紋は3つの部分からできており、まんじ(卍)は4つ——という具合で数の上限はない。中心点の周りで反復され、回転によって重ね合わせることができればよい。

回転対称と鏡映対称を組み合わせた図形も存在する。この場合、反射軸は回転の中心を通る。このタイプの図や物体は二面対称と呼ばれる(*7*)。

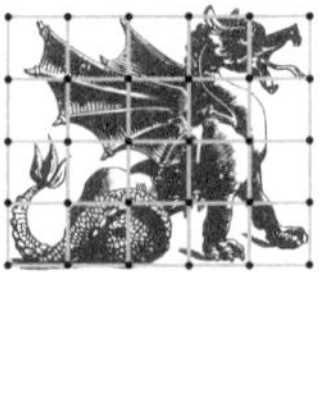

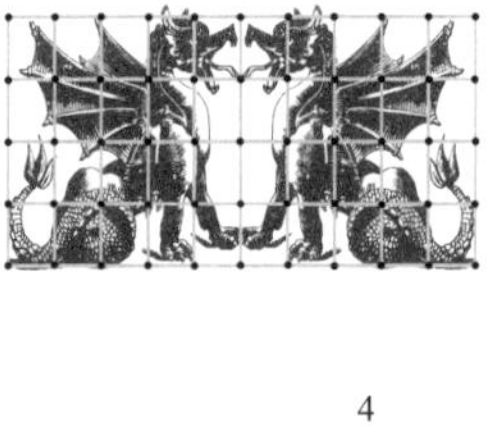

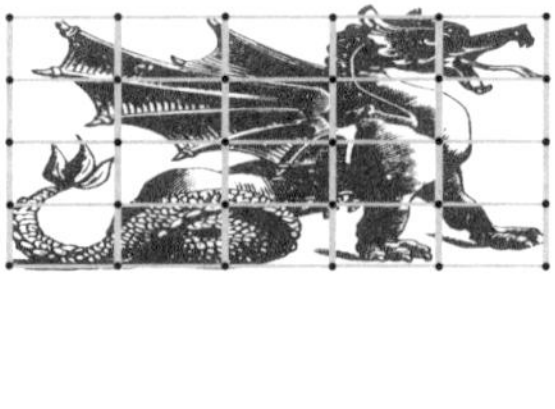

1. 中心点の周りに2つの要素を持つ、最も単純な回転対称。

2. トランプの絵札。二次元で中心の周りを180°回転させると自らと重なる性質を2回対称と呼ぶ。鏡映ではないことに注意。

3. 回転対称は要素がいくつでも可能である。

4. 3回、4回、5回対称のモチーフの例。
360°回転させる過程で元の図と3回／4回／ 5回重なる。

5. 線1本での鏡映対称。

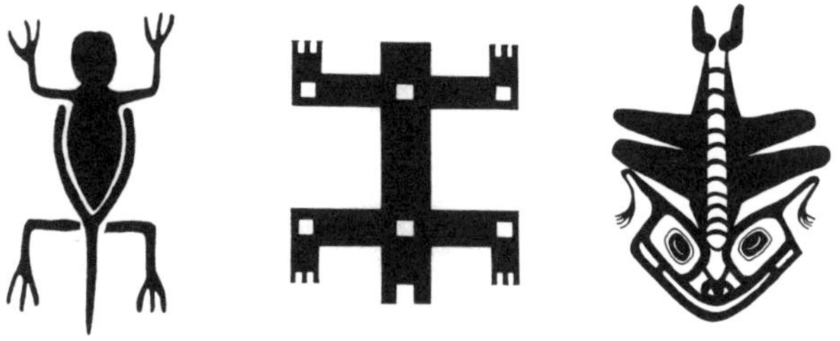

6. 鏡映対称だけのモチーフはもっともよく見られる。

7. 二面対称。

8. 二面対称のモチーフ。鏡映と回転が組み合わさっている。

幾何学的自己相似

グノモン、およびその他の自己相似図形

シンメトリーは、単純なものも複雑なものも、生物でも無生物でも、形と成長の両方において一定不変な特性である。

グノモン(平行四辺形からそれと角を接する相似の小さな平行四辺形を取り除いた形、下図の網掛け部分)は、幾何学的成長のわかりやすい例である。もとの平行四辺形にグノモンを足すと図形の大きさは変わるが形は変わらない。そしてこの作業は無限に繰り返すことができる。貝殻や動物の角の形成は本質的にこれであり、死んだ組織に新しい成長部分が加わっていく。

膨張対称の場合も、元の形と幾何学的に相似な形を作っていく。これは、中心点から放射状に出る線によって元の形を拡大(または縮小)して生み出される。膨張対称は無限小から無限大まで続けることができ、中心からある角度で引いた線(*1*)、円の等間隔での分割(*2*)、円全体の等分(*3*)を利用することができる。

膨張は回転とも結びついて、等角の螺旋(*4*、後述)をなす連続対称や、不連続対称(*5*、増加量が必ずしも倍数関係になくてよい)を作り出す。膨張対称は三次元空間でも起こる。螺旋対称は回転および膨張という運動と密接に関連しており、回転と膨張が組み合わさるといつでもこの螺旋対称が現れる。

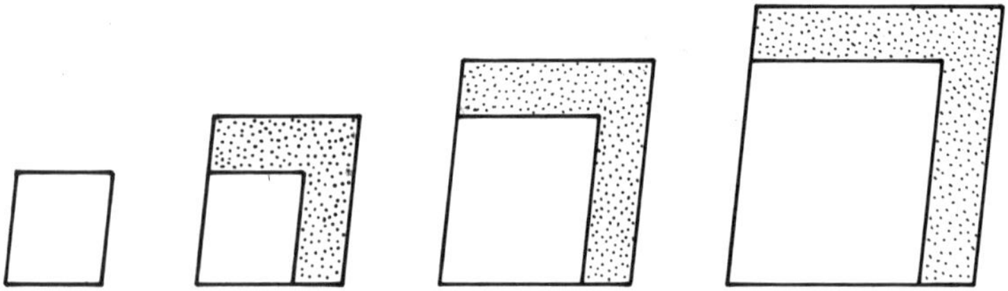

1. 膨張対称のうち、等比拡大（または縮小）

2. 中心点型膨張

3. 360°の膨張

4. 回転と組み合わさった膨張

5. 非連続的回転膨張

6. 図形の規則的な配置によって生まれる相似対称

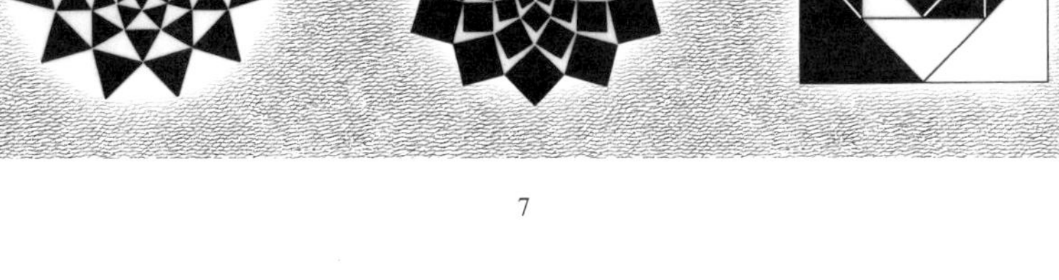

放射対称

中心を持つ対称

規則的な配置のなかで最もわれわれになじみ深いのは、放射対称だろう(生物学では放射相称ということが多い)。この対称は有限で、点群対称という大きなカテゴリーに属し、3つのはっきり異なる形を取って現れる。

二次元では平面上の1点を中心として回転対称性を示す。円を何等分するかはさまざまに異なる。しばしば鏡映対称と組み合わさって二面対称をなす(*1*)。多くの花はこのタイプである。また、中心から放射状に等分された装飾模様モチーフ(ほぼすべての文化に存在する)もそうである。

三次元の放射対称は、空間内の1点を中心とするか(*2*、ちょうど爆発のように中心点から四方八方に球状に広がる)、あるいは回転軸の周囲を回るか(*3*、円柱状や円錐状がその典型)である。回転軸があるタイプは、植物のシンメトリーでよく見られる。

ほとんどの花は、フィボナッチ数列(3, 5, 8, 13, 21……)の枚数の花弁が配置されている(フィボナッチ数列については30頁参照)。一方、雪の結晶はつねに六角形である。

平面の放射対称は、装飾模様として多用されるだけでなく、回転運動をする装置に最も適した有用な形である。特に車輪などの輪はあちこちで使われている。

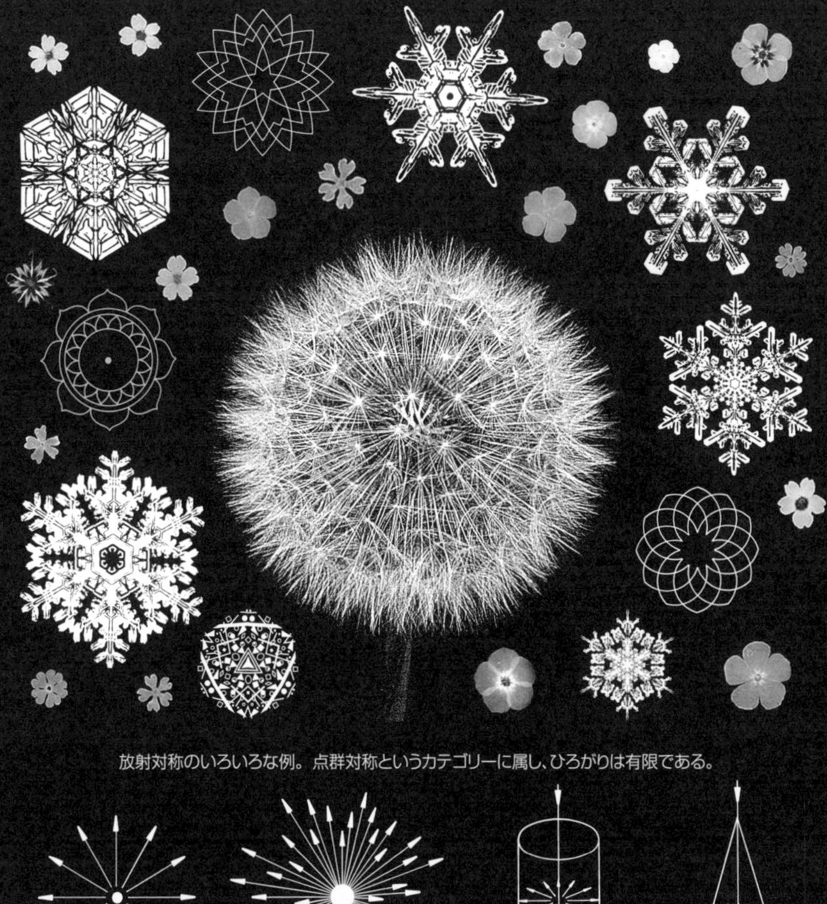

放射対称のいろいろな例。点群対称というカテゴリーに属し、ひろがりは有限である。

1. 二次元放射対称　*2*. 三次元放射対称　*3*. 軸線を中心とした放射対称

断面と骨格

植物と動物の内部にあるシンメトリー

ほとんどの植物には、何らかの形の放射対称が見られる。実際のところ、植物界と動物界を隔てる大きな壁は、それぞれで支配的なシンメトリーのタイプにも映し出されている。植物はたいてい生えている場所から動かないので放射対称になる傾向があり、一方多くの動物は自らの意志で移動し、両側性ないし背腹性、つまり背と腹がある二面性を示す（22頁参照）。

木の幹や枝の横断面は、通常は放射状の配置になっており、これは一般的に根や垂直な茎にもあてはまる（*1*）。整正（放射相称）の花の多くは放射対称であり、花序（枝上での花の配列）も多くは放射対称である（*2*）。胎座配列も常に対称となる（下）。キノコ、コケ、さらにイグサの筒状葉なども放射対称を取る。

付着動物、つまり何かにくっついて生活し自分では動けない動物は、多くの場合植物と同じような放射対称になっている。付着動物の大部分は海洋生物で、イソギンチャクやウニが代表例である（*3*）。ヒトデや星形サンゴも中心を持つ構造である。

放散虫や有孔虫といった海に住む原生動物は極めて美しい骨格を持つ。こうした生物は海中に非常に大量にいて、海底堆積物の30%を占めるとも言われるが、やはり体形は放射対称であることが多い（*4*）。

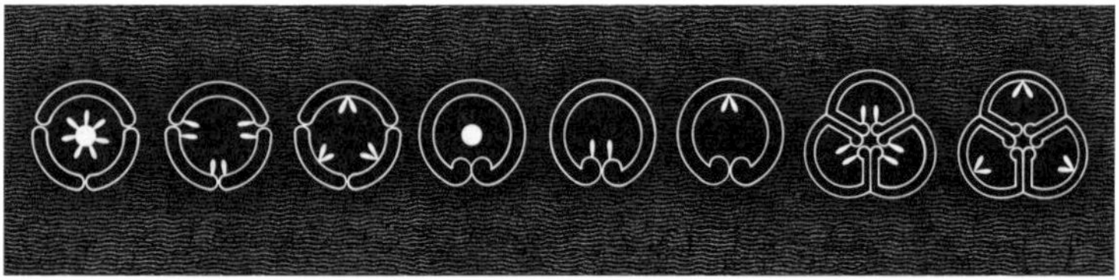

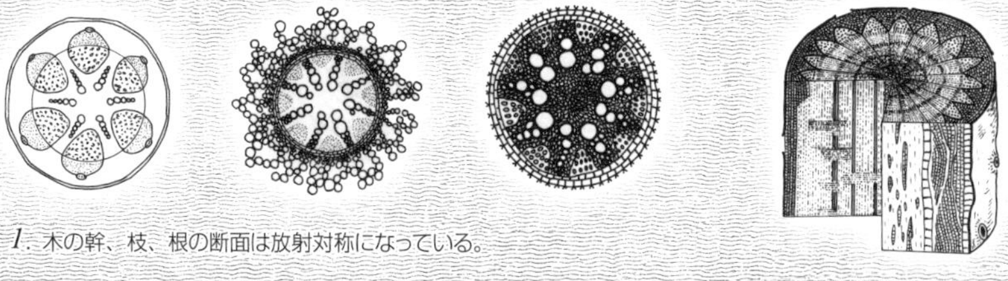

1. 木の幹、枝、根の断面は放射対称になっている。

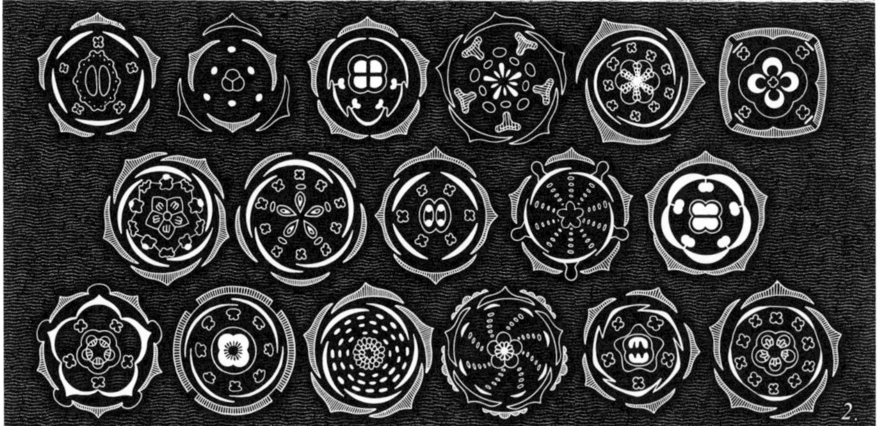

2.

3.

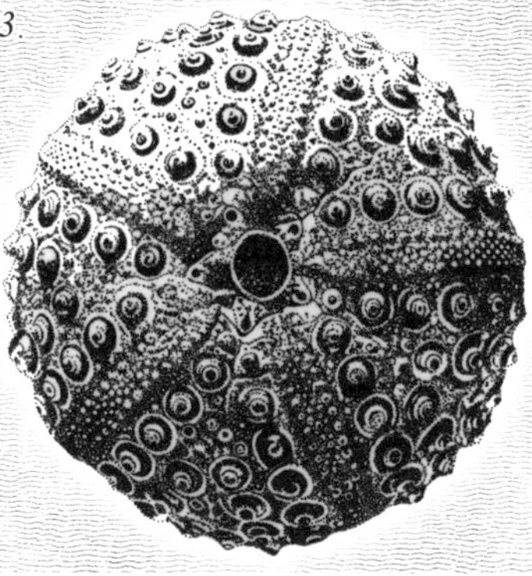

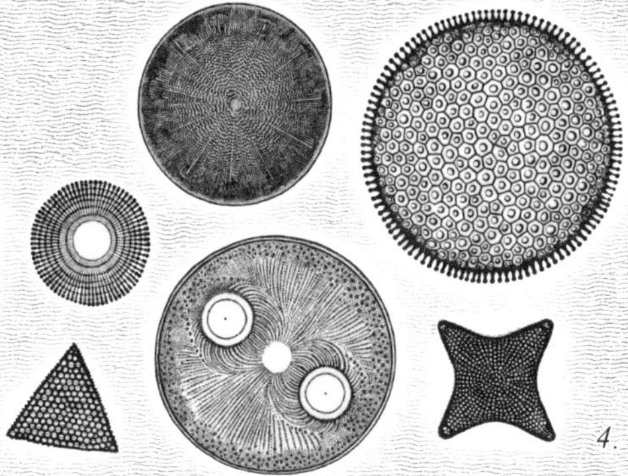

4.

球対称

完璧な三次元対称

円は二次元の完全な対称図形であるが、それと同様に、理想的概念としての球は三次元の完璧な放射対称物体である。

円も球も古代ギリシャ時代からその完全性で知られ、神聖なものと考えられた（哲学者のクセノパネスは、それまでの神々の概念を否定して、神は単一で球状であると唱えさえした）。初めて地球が丸いと説いたのはピタゴラスである。現代の宇宙学者たちは、膨張し続けるこの宇宙全体も、球状で対称形になっているのではないかと考えている。

興味深いことに、球という形は「大きさ」の概念の両極端で現れる。宇宙の恒星、惑星、衛星、オールトの雲、球状星団は球形で（*1*）、一方では微小な水滴もまた球である。これらが球になるのは、単一の大きな力が働いて形作られるからである。水滴の場合は表面張力であり、天体の場合は重力による（重力自体も球対称である）。

多くの微生物が球形をしているのも、表面張力の働きによる（*2*）。こうした微生物は構成物質の点から見ると実質的には液体に近く、周囲の環境と釣り合った状態で内圧を維持しなければならない。微生物は本当に小さく（そこでは重力によるゆがみは最低限に抑えられる）、水中で生きている場合が多い。大部分は自力での移動能力がないか、あってもわずかである。一定の体積に対して表面積を最小にする形状が球である。だからこそ、多くの果実（*3*）や卵（*4*）も球に近い形になる。表面積が最小で、どこから見ても同じ形をしていると、捕食されにくいという利点もある。それを高度に応用した例として、攻撃を受けると丸くなる動物もいる（*5*）。

1.
2.
3.
4.
5.

三次元のシンメトリー

空間アイソメトリー

さきに二次元の完全な対称図形である円に対応する三次元の形が球であると述べたが、空間内での図の変形もまた、これまでに見てきた平面分割と関連しており、似たようなアイソメトリーの原理が働いている(*1-6*)。

空間を対称になるように分ける方法を考えるとき、最も基本的な方法は、それ自体が対称な空間充填立体を用いることである。二等辺三角形や正方形や六角形が二次元を埋めるのと同じように、それらを底面とする角柱は三次元空間を埋めることができる(*7*)。全方向に対称な空間充填立体としては、立方体、切頂八面体(*5*)、立方八面体システム(*8*)、菱形十二面体(*9*)などがある。球面の対称系の3つの例(*10*)は、対称な立体図形に大きく関係している。

面白いことに、正則図形はいろいろあるのに、自然はつねにあるひとつのグループ――五角十二面体――を好んで選ぶ。五角十二面体は六角形と五角形でできており、フラーレン分子から炭素微粒子、放散虫、ウィルスまでがこの形を取る(下)。この形の不思議な点(かつ、おそらくはこの形が自然界でよく使われる秘密)は、「六角形だけでは空間を閉じることができないが、五角形を12個加えさえすれば、六角形がいくつであっても閉じた対称空間を作れる」ということにある。

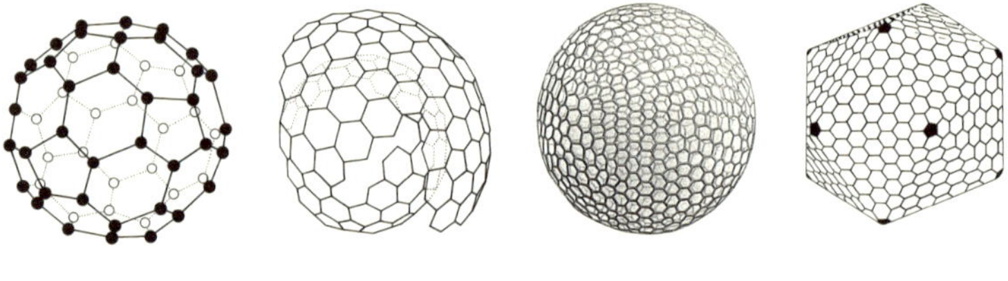

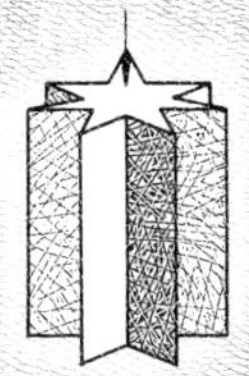

1. 三次元での軸線に沿った対称

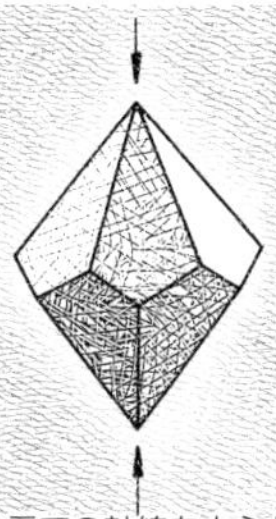

2. 三次元での軸線を中心とした回転

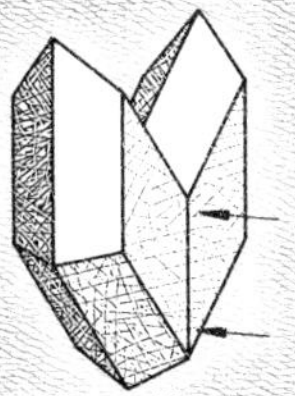

4. 三次元での鏡面での反射

4. 三次元での点群対称

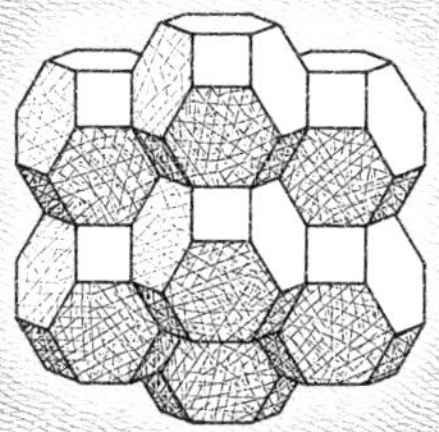

5. 三次元での空間群対称

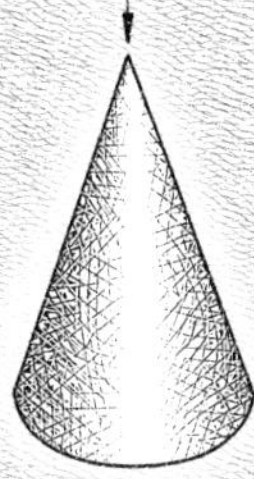

6. 三次元での膨張対称

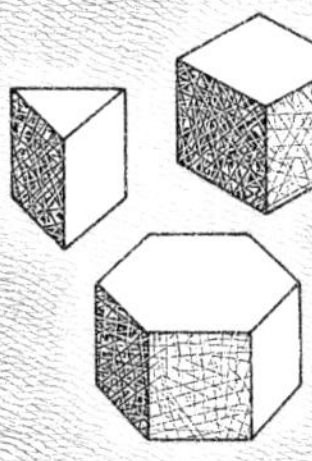

7. 空間充填立体——角柱

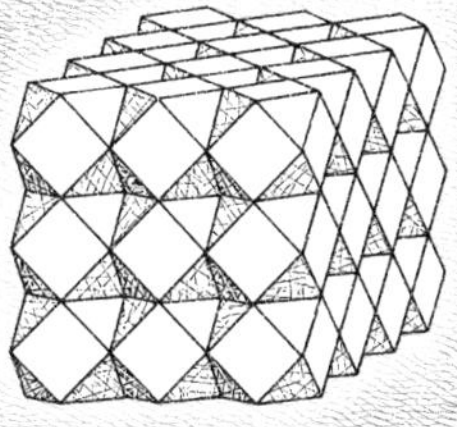

8. 立方八面体システム

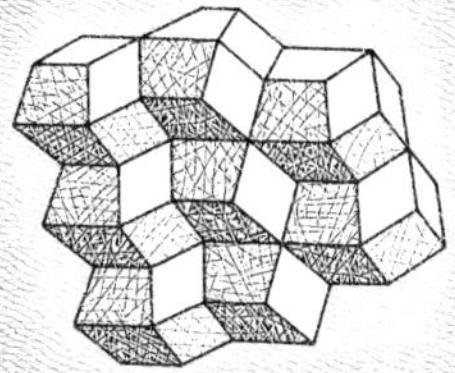

9. 菱形十二面体

10. 3つの球面システム:正四面体対称、正八面体対称、正二十面体対称

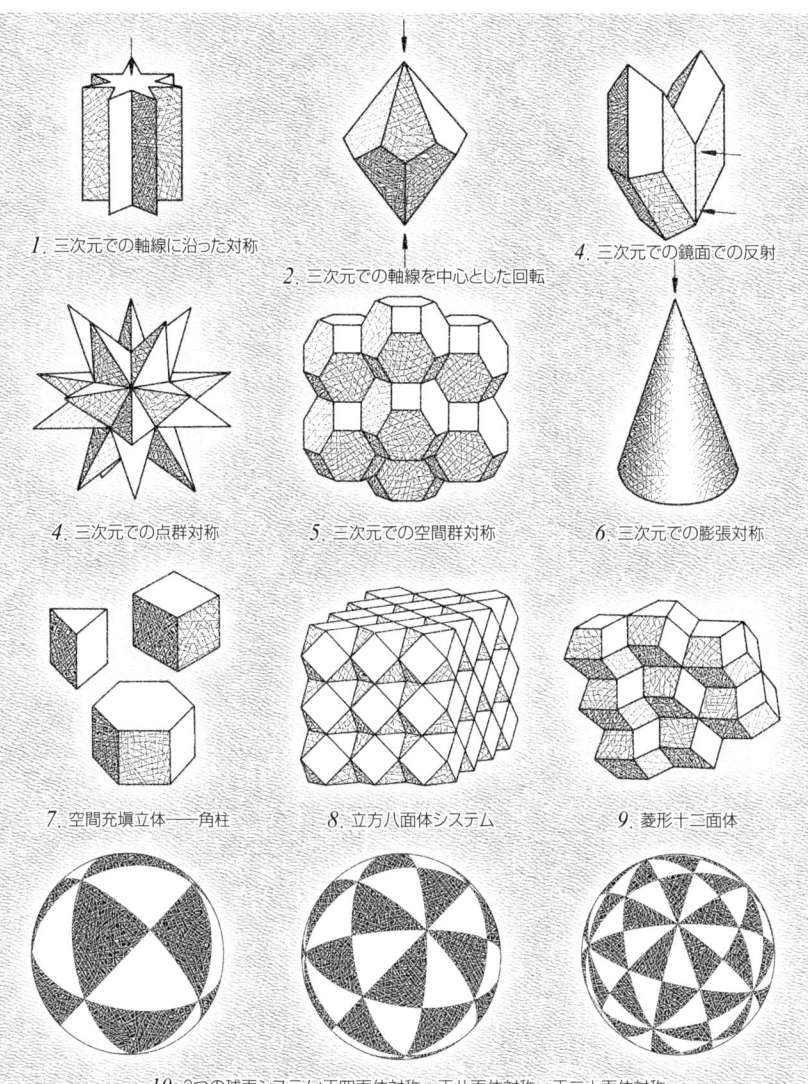

積み重ねと詰め込み

果実、泡、その他の空間充填立体

決まったスペースにオレンジを山積みするための最も簡単な方法を見つけるのは、一見簡単そうだが実は難しく、数学的な深い考察を必要とする。スタートは簡単だ。球体を空間に詰めるなら、三角配列か正方配列がすぐに思いつく(*1-3*)。これらの配置は、あきらかに平面の正則分割(巻末用語解説参照)と関係している。三角配列または正方配列に従ってオレンジを1段並べると、その隙間以外の場所に2段目を積むのは困難である。2段目のオレンジはエネルギー最小化のパターンに文字通り"はまり込んで"いく。球体の立体配置としては3種類がある(*4*、*5*、*6*)が、面心立方格子(*6*)の配列が最も効率的であることがわかっている(ただしケプラーがその説を唱えてから最終的に証明されるまで400年かかった)。

しかしそれ以外の場合では、120°の角度での三方向結合が最も経済的である。蜂の巣はその古典例で、ハチミツの貯蔵庫を作るのに使用する蜜ロウが最も少なくて済むのがこの形なのである(*7*)。石鹼の泡でも、それほど多くない数の泡が自由に境界を接することができるようにしておくと、やはりこの効率的な角度を形成する(プラトー境界、*8*)。

だが、泡の塊がもっと大きい場合には、109° 28′16″というまったく別の不思議な角度が現れる。ビールの泡や弾性発泡体(*9*)では、内部の泡はこの角度で互いに接することが多い。これは、正四面体(*10*)の中心と各頂点を結んだ線の角度である。面白いことに、立体図形としての正四面体自体は空間を完全に埋めることはできない(八面体と組み合わせると空間を充填できる)。

1. 三角配列。 *2.* 上の段では、下の段の三角格子のそれぞれの中心に球が乗る。 *3.* 正方配列。 *4.* 単純な立方充填。球を立方最密充填するこれらの配列は、結晶構造における三次元ブラベー格子と関係している（次頁参照）。

1.

2.

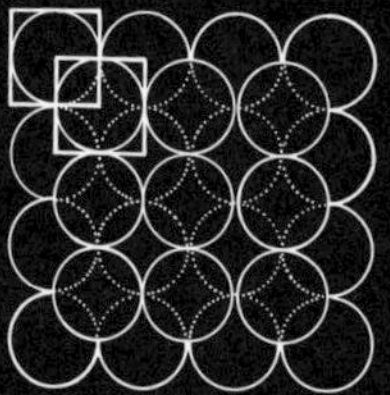

3.

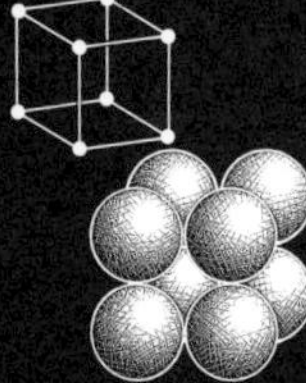

4.

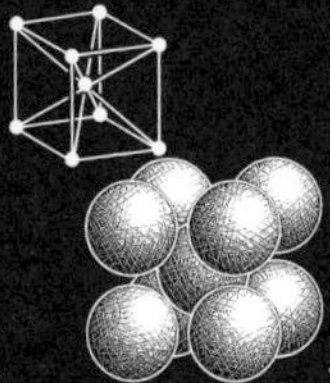

5.

6.

7.

8.

9.

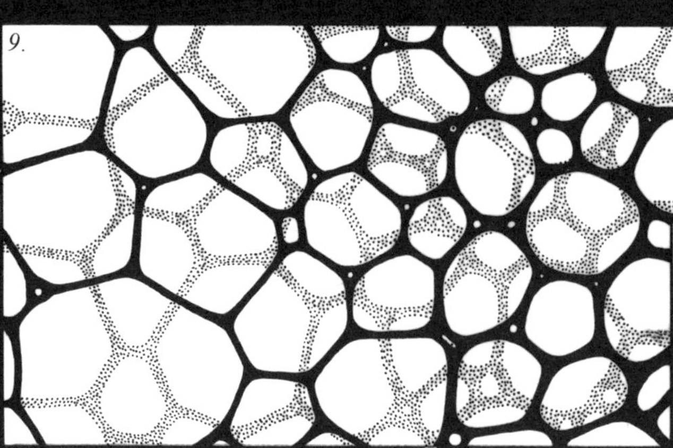

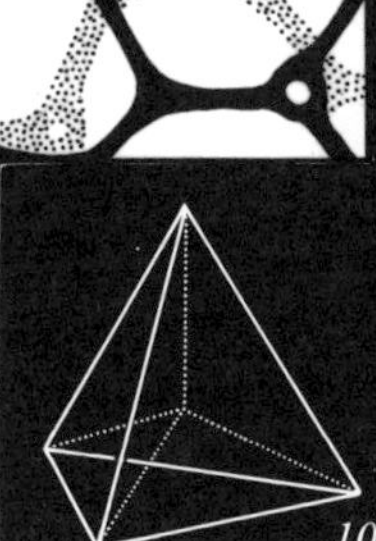

10.

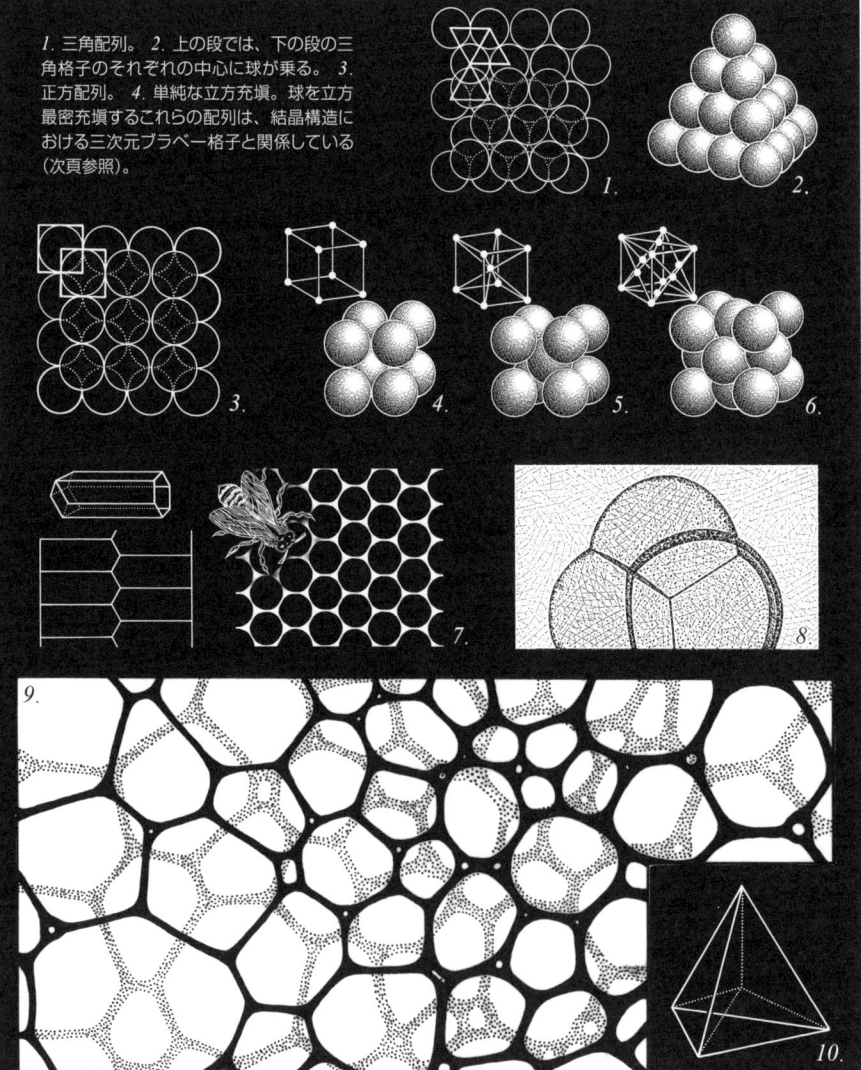

結晶の世界

対称性秩序のおおもと

数学的に純粋な正多面体に最も近いものを自然界で探してみると、それは正しく形成された結晶であることがわかる(真に純粋な正多面体になる結晶もあるが、すべての結晶がそうであるわけではない)。

標本になるような結晶の純粋な美しさを生むのは内部構造であり、その内部構造の方がさらに強い感銘をわれわれに与える。数千万〜数億の分子が整然と並んだ結晶状態は、想像を超えた秩序を持つ世界である。

物質の結晶はそれぞれ独自の特徴的な形になるが、それらの規則性は、わずか14種類の結晶格子構造(下)によって作られる単位格子配列に基づいている。この14種類がブラベー格子で、上下左右前後に無限に格子を繰り返すことができる。ちょうど、平面の壁紙の繰り返しパターンと同様である。

結晶に関する科学的研究は初めのうちは分類が中心で、結晶に見られる対称性に従って分けられていた。19世紀中頃までに結晶は32種類に分けられ、19世紀末にはロシアの結晶学者フョードロフが230の結晶空間群をリストアップした。

しかし、20世紀初めにX線による分析法が発見されると結晶研究の様相は一変した。感光板に映し出された対称パターンの体系的分析によって、初めて結晶内部の驚くべき世界が明らかになったのである。

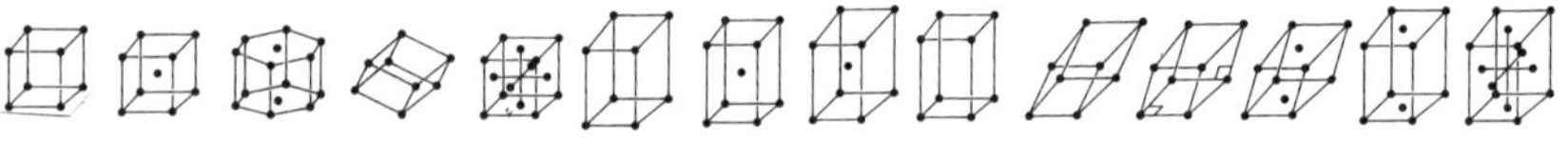

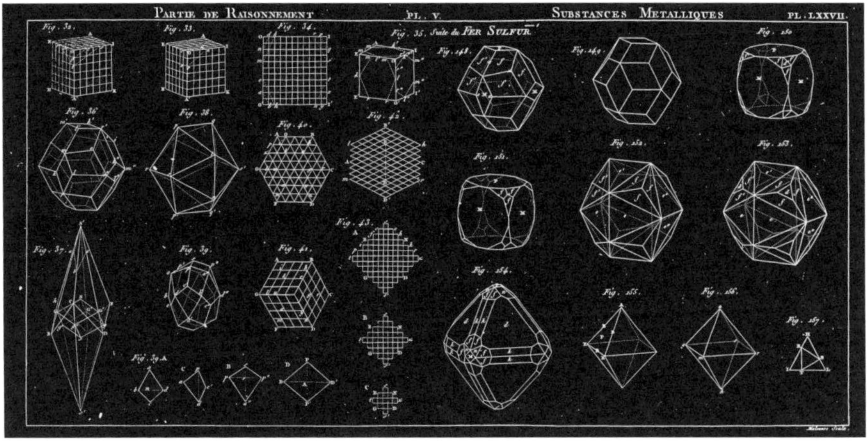
Partie de Raisonnement
Pl. V.
Substances Metalliques
Pl. LXXVII.
Fig. 32.
Fig. 33.
Fig. 34.
Fig. 35. Suite du Fer Sulfuré
Fig. 148.
Fig. 149.
Fig. 150.
Fig. 36.
Fig. 38.
Fig. 40.
Fig. 42.
Fig. 151.
Fig. 152.
Fig. 153.
Fig. 37.
Fig. 39.
Fig. 41.
Fig. 43.
Fig. 154.
Fig. 155.
Fig. 156.
Fig. 157.
Fig. 39 A.

Fig. 13.
Fig. 16.
Fig. 83

基本要素

物質の中核をなすシンメトリー

19世紀末、物理学者ピエール·キュリーは、物理学の普遍的原理として、対称性を持つ原因からは同様に対称性を持つ結果が必然的に生じると考えられる、と述べた。彼のこの主張は、現在では一般原理としては間違っていることがわかっている。対称性は必ずしもキュリーが考えたように原因–結果として結びつかない。しかし、対称性の連続という彼の直感は、もっと物質の基本に近いレベルではたしかに正しい。X線結晶学が明らかにした“結晶状態”という高度に秩序立った世界(*1*)では、原子とその内部のもっと微小な世界に存在する対称性によって、すべてが決定されているのである。

元素を論理的な順序で並べたメンデレーエフの周期表は、19世紀の古典物理学の金字塔のひとつだった。だが20世紀になると、元素の性質は、実はそれぞれの元素の原子の内部構造が内包する規則性を反映しているということがわかってきた。原子に関する理論が発達するに従って、あらゆる化学的性質は原子の中の陽子と電子の数や配置に由来することが明らかになり、分子配列によるグループ分けが生まれた(*2*)。

1960年代には、「軌道」電子(*3*)はそれ以上分けられない基本粒子であるが、原子核を構成する陽子と中性子(*4*)はハドロンとレプトンと呼ばれるもっと小さな粒子でできていることが判明した。ハドロンはさらに6種類のクォークの組み合わせでできており、有名な「八道説」(*5*)の美しい対称性を生み出している。

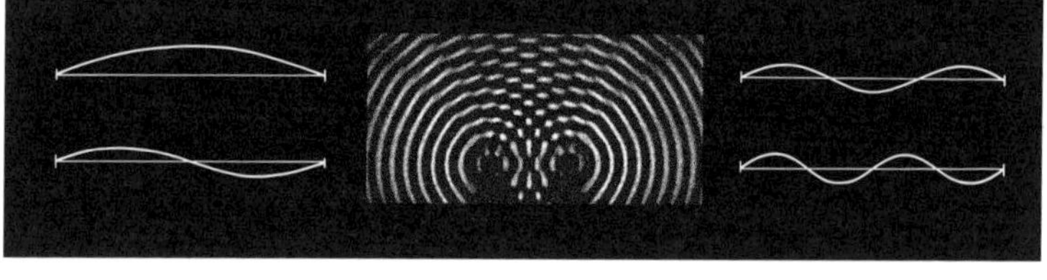

1.

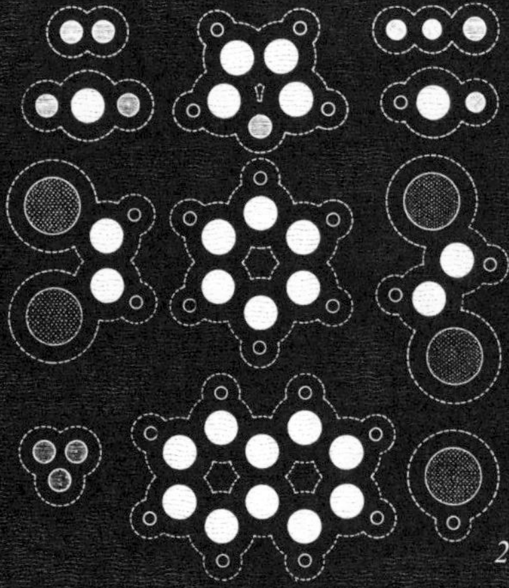

2.

上：X線回折法により、高度な秩序を持つ結晶の世界を覗くことが可能になった。
右：原子同士が近づくと、プラスの電荷を持つ原子核とマイナスの電荷を持つ電子が引き合って分子を形成する。

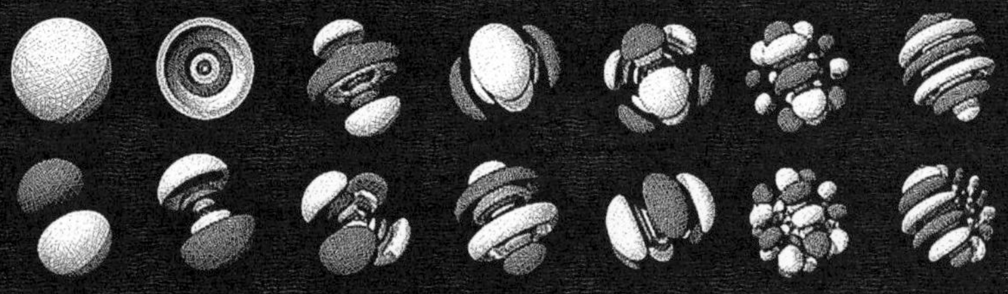

3. 原子核のまわりでの電子の確率分布パターン

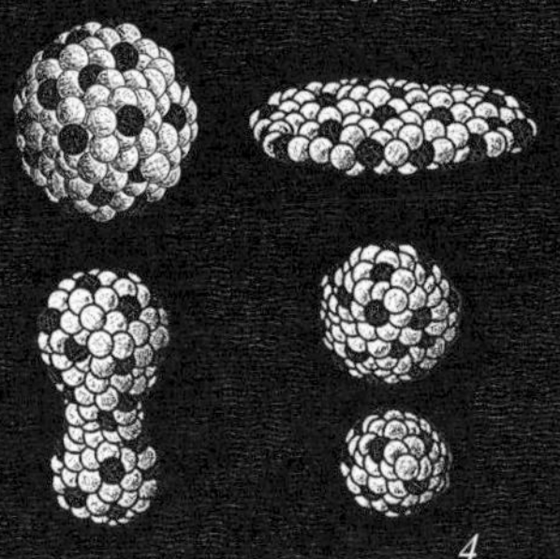

4.

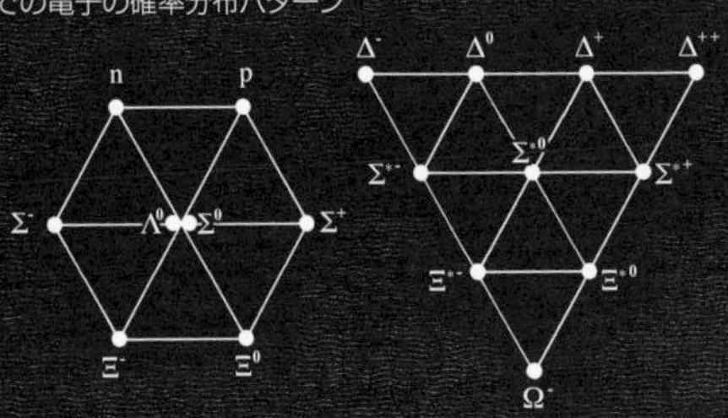

上：ハドロン分類の「八道説」の対称性。バリオン8重項とバリオン10重項。左：原子核の中で独楽(こま)のような挙動を見せる中性子と陽子。

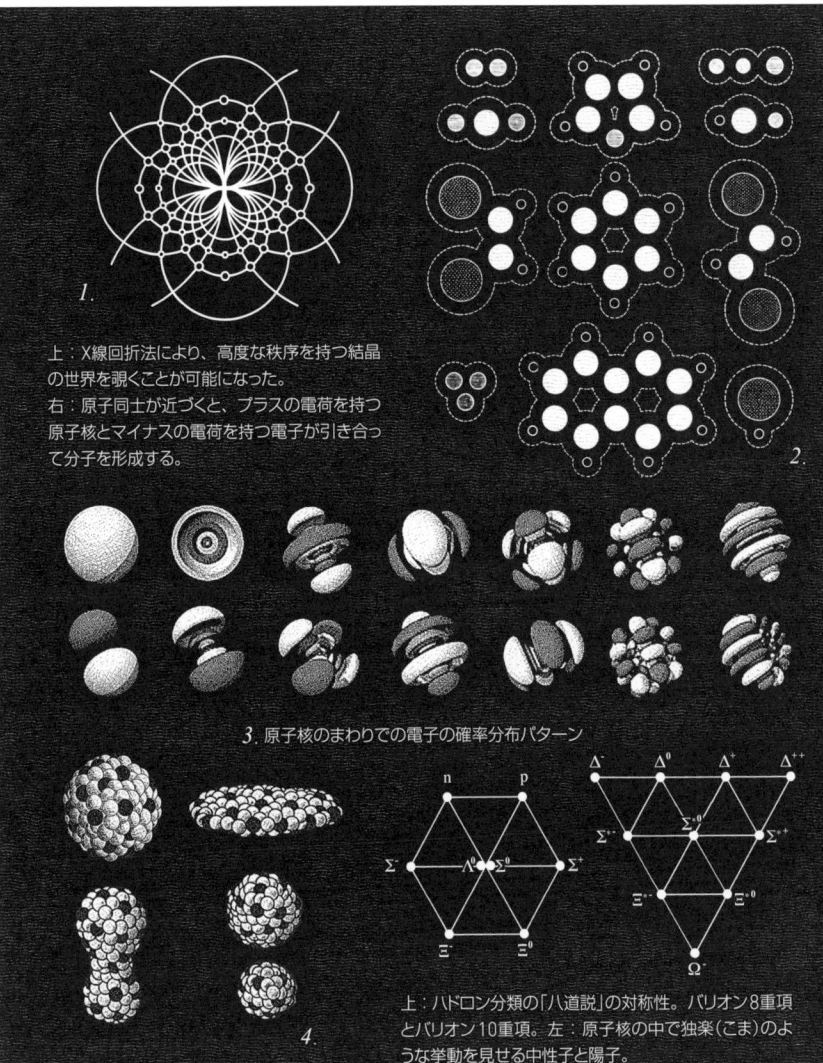

背腹性

動く生きもののシンメトリー

動物は定義上からして多細胞生物であり、食物を摂取し、ほとんどすべてが何らかの動きをすることができる。当然、その移動特性によって動物の形は影響を受ける。地上を歩くもの、地中を掘って進むもの、水中で泳ぐもの、空中を飛ぶもの、いろいろあれど、いずれも体には左右があって、左右はおおむね鏡像のようになっている。左右に加えて前後の別も（そして通常は上下も）あるので、動物は両側性であるだけでなく背腹性も持っている。一定の方向性をもって移動しようとするときに最も適しているのがこの形である（右頁のさまざまな例を参照）。こうした対称性を示すのは動物に限らない。自動車、船舶、飛行機など前進運動をする乗り物も必然的にこれと似た対称性を持つ。

動物の背腹性には、運動のパワー効率とは別に発達した特徴もある。前方へ移動する場合、進行方向の先に何があるかを見るための視覚と、効率的に食べるための口を、前の方に置く必要が生じる。一方、ひれや肢は左右の側面の対称になる位置にバランスを取って配置すると都合がよい。

こうした理由から動物の世界では背腹性が永遠に続く対称性として存在するが、植物の世界にもやはり背腹性が広く見られる。その典型的な例が、左右相称花（不整正花、放射状ではない左右対称な花）や、大部分の葉の形（下）や、葉の配列である。

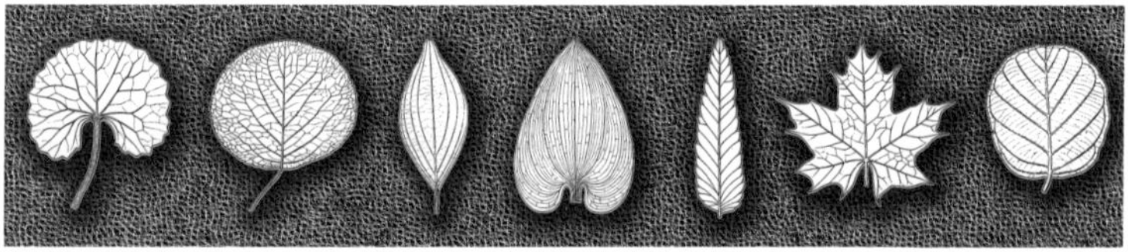

Fig.2
Fig.37
Fig.35
Fig.40
Fig.1
Fig.5
Fig.3
Fig.13
Fig.7
Fig.12
Fig.20
Fig.31
Fig.11
Fig.34
Fig.18
Fig.4
Fig.22
Fig.32
Fig.16
Fig.43
Fig.24
Fig.28
Fig.9
Fig.21
Fig.48

鏡像体

左型と右型

人間も背腹性を持つため、われわれには、だいたいの点で左右よく似た(ただし左右が鏡に映したように反対の)手が2本ある。足も同様であり、動物の角や蝶の羽などなども同じである(*1*)。しかしこのような鏡像体があるのは生物だけではない。例えば渦巻は時計回り／反時計回りのどちらにもなりうるし(*2*)、三次元における螺旋にも2種類の向きがある(*3*)。

生物でも無生物でも、その構造にねじれを含む物体は、こうした鏡に映したような2種類の形を取る可能性を持つ。巻き貝(*4*)には左巻きと右巻きの両方がある(種によって、どちらかが優勢であったり、まったくランダムに左右が出現したりする)。つる植物や巻きひげを持つ植物などでも似たようなことが見られる(たいていは右巻きだが、左巻きも珍しくない)。

右型と左型が存在するこの現象は、化学の世界ではキラリティーと呼ばれる。水晶はキラリティーを持つことでよく知られている(*5*)。キラリティーは有機化学の分野で特に重要な意味を持っている。というのも、多くの生体分子(アミノ酸やＤＮＡも含めて)はホモキラル、つまり片方しか存在しないのである(*6*)。生命体の化学塩基は、すべてホモキラルである。地球上で生命が生まれた初期段階で、自己複製能力を獲得した最初の分子が特定の立体化学特性を選び取り、それによって進化の道筋全体が片方の型になることが決定づけられたのであろうか。

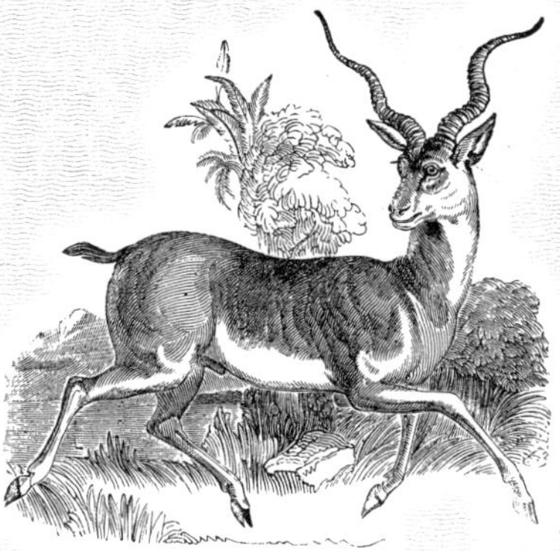

1.

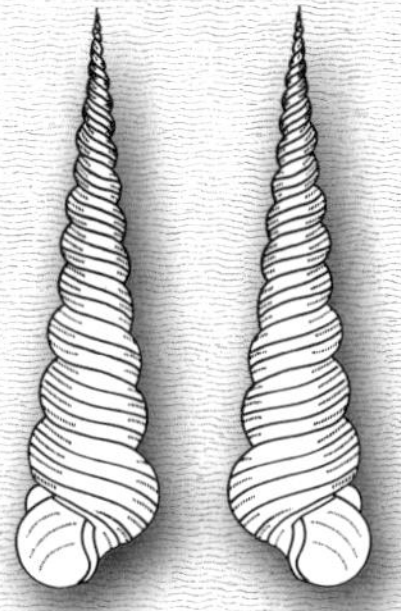

4.

5.

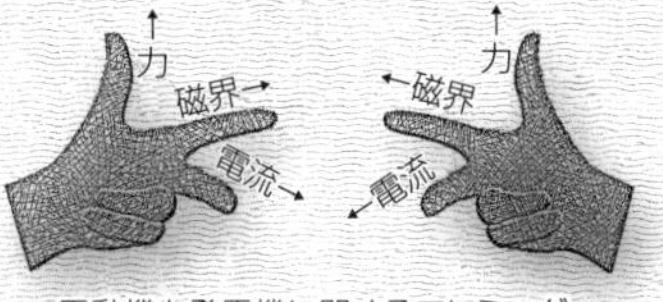

電動機と発電機に関するフレミングの左手と右手の法則。

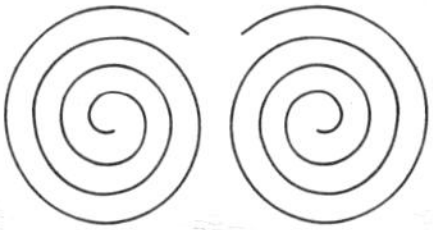

2.

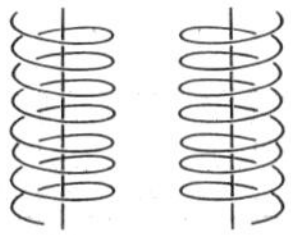

3.

渦巻と螺旋は左巻きと右巻きのどちらかにもなりうる。

左型の風車と右型の風車、合わせると正方形に。

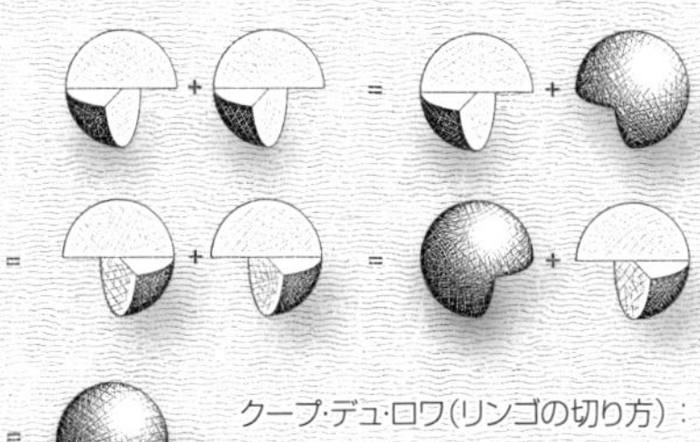

クープ・デュ・ロワ（リンゴの切り方）：この切り方だと、切ったリンゴは左型または右型が2つになる。左型と右型を1個ずつ持ってきて合わせてもリンゴの形にできない。

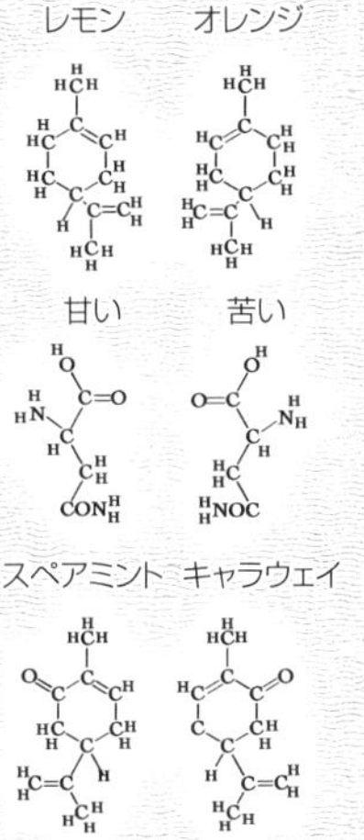

左型と右型で匂いの違う立体異性体の例。

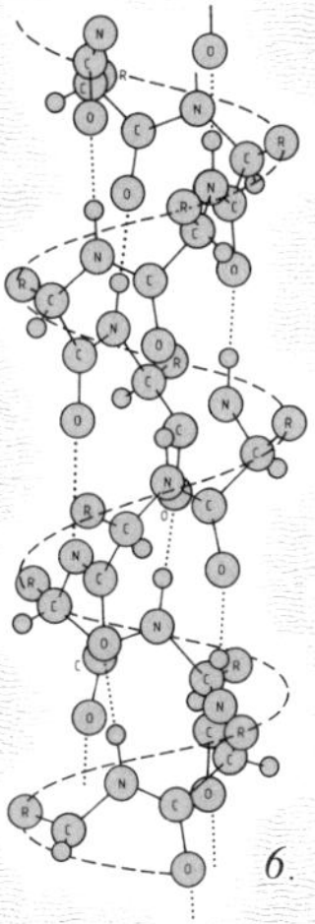

6.

右巻きのDNA螺旋。

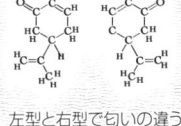

曲率と流れ

波と渦、放物線と楕円

ここまでは、回転や鏡映などによる静的な幾何学におけるシンメトリーを主に考えてきた。曲率の対称性の場合、多くは運動や成長に関係し、それらの原理は動力学につながっていく(*1-3*)。

円錐曲線(*4*)を最初に研究したのは、紀元前4世紀にプラトンのアカデメイアにいたメナケムスである。しかし物理学における円錐曲線の重要性が認識されはじめたのは、ルネサンスになってからであった。1602年、ガリレオは物体を投げた時の軌跡が放物線になることを証明した。それからほどなく、ケプラーが惑星の動きが楕円軌道であることを発見する。その後、反比例関係(例えばボイルの法則)が双曲線であらわせることが知られるようになった。こうした事例は、数学に内在する対称性原理の理解が深まるにつれて自然界の隠された統一性の発見も進んでいったことをよく示している。

波形もまた、波長と周期の両方で対称性を示す。単純な正弦曲線は、円周上を一定の速度で動く点の軌跡を投影したものと考えることができる(*5*)。実際、あらゆる波状の現象には円運動が含まれている。この運動を等比で拡大ないし縮小していくと、特徴的な正弦曲線ができる。

1. パイプオルガンの管の中で空気を分けるスプリットによって作られる空気の渦。

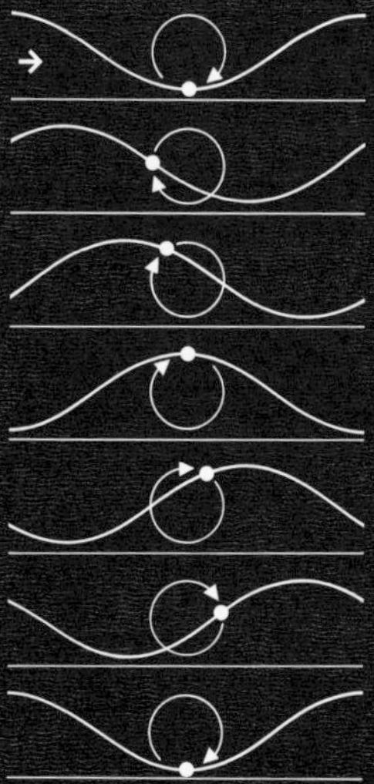

2. 液体の波の動きは本質的には円運動。

3. 障害物によってできるカルマン渦のつらなり。

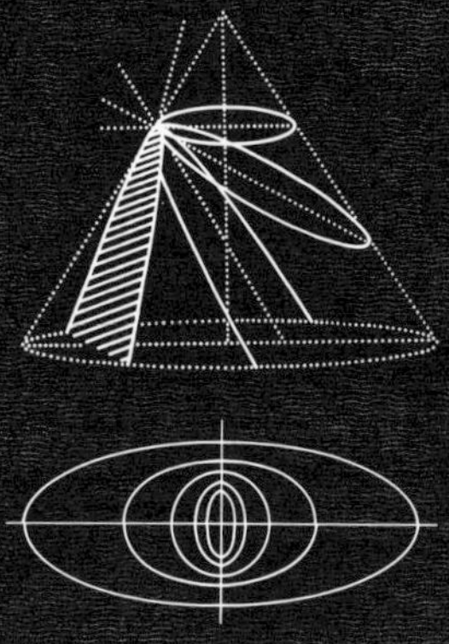

4. 円錐曲線と楕円。

5. 上と中:正弦曲線。 下:河川の蛇行は正弦曲線のようになりやすい。

渦巻と螺旋

自然のお気に入りの形

あらゆる正則曲線のなかで、おそらくもっともよく知られているのは渦巻と螺旋であろう。このふたつは自然界のあちこちに、さまざまな形とあらゆる規模で見られる——クモの巣(*1*)、銀河(*2*)、粒子の飛跡(*3*)、動物の角(*4*)、貝殻(*5*)、植物の構造、DNA(*6*)など、例をあげればきりがない。明らかに自然は渦巻と螺旋が大好きである。

純粋に幾何学的にいうと、よくある渦巻、つまり平面スパイラルには主に3つのタイプがある(下)。アルキメデスの螺旋(a)、対数螺旋(b)、フェルマーの螺旋(c)である。アルキメデスの螺旋はおそらく一番シンプルで、互いに平行で等間隔な曲線の渦である(昔のレコードの溝などもその例)。対数螺旋(成長螺旋)は最も魅力的で複雑な螺旋で、なかでも特に「黄金螺旋」はフィボナッチ数列と関係していて美しい(*8*)。一般に対数螺旋は自己相似性を持ち、どんな倍率で拡大·縮小しても同じに見える。フェルマーの螺旋は放物螺旋ともいい、どの渦もそれによって囲まれる面積の増加分は等しい。葉序、すなわち茎に葉や小さい花がどのように付いているかの配列の場面にあらわれる(カップの中のコーヒーの表面にも)。

螺旋は軸に対して対称であり、必ず「利き手」(右巻きか左巻きか)がある(d)。膨張対称性は螺旋にも存在し、徐々に幅が広がっていく(e)。また、ちょうど縄をなうときのように線の本数は何本にもなりうる(f)。

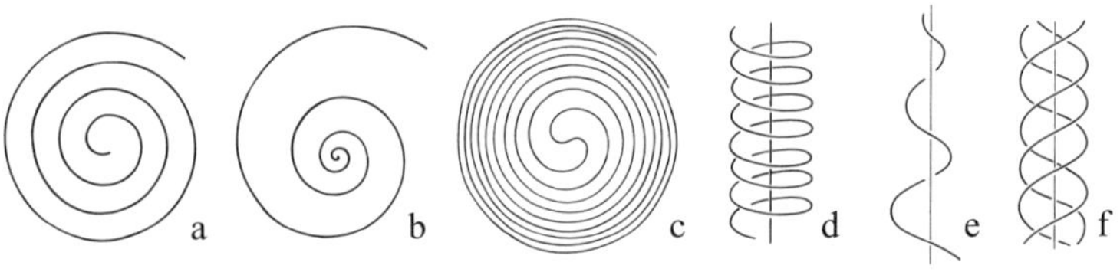

1.
2.
3.
4.
5.
6.
7. 对数螺旋
8. 黄金螺旋

驚異のフィボナッチ数

黄金角と黄金数

12世紀末頃、ひとりの若いイタリア人税官吏がある数列に関心を持って研究した。その数列には彼の名が冠され、以来世界中の数学者を魅了してきた。「フィボナッチ」の愛称を持ち「ピサのレオナルド」とも称される彼が著書に記した数列は、どの項もその前の2つの項の和になっている。つまり、0, 1, 1, 2, 3, 5, 8, 13, 21, 34……である。彼はまた、この数列には非常に特殊な数学的性質があることにも気付いていた。フィボナッチ数はしばしば植物の成長パターンに(とりわけ花弁と種子の配列に)登場するのである。花弁の枚数はほとんどつねにフィボナッチ数になっている。モミの木の球果は3列と5列(または5列と8列)の螺旋がより合わさった形であり、パイナップルは右回りと左回りの螺旋がそれぞれ8列と13列ある。フィボナッチ数列は葉序(植物の葉や枝の付きかた)にも見られる。

フィボナッチ数列は、黄金比ϕ(ファイ)と深い関係を持つ。隣接する数字の比率をとると、数が大きくなるに従って黄金数(およそ0.618)に近づいていくのである。また、葉序のもとが137.5°(360/ϕ^2)という黄金角をなしているという点でも、植物と黄金比は結びつく。葉序のこの配列だと、連続する枝や葉や花を最も効率よく空間内に配置できる。フィボナッチのパターンは生物だけでなく、物理の世界でもナノ粒子からブラックホールまでさまざまなところで観測されている。

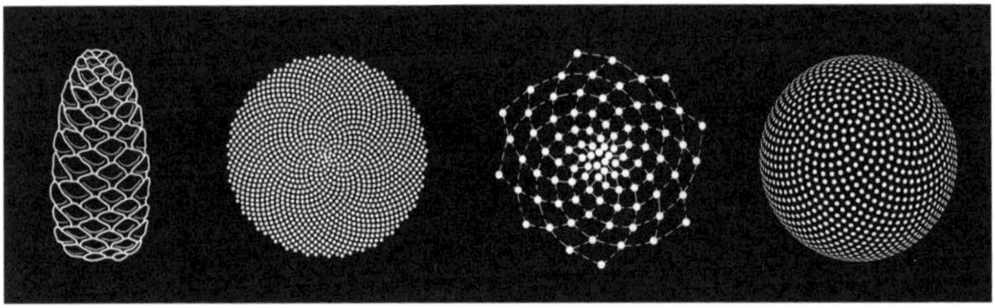

サボテンの13：8 の葉序。

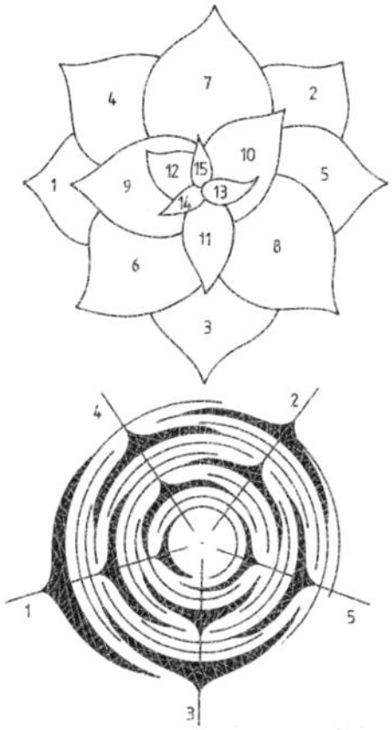

8：5 の葉序。8分の5回転した位置に次の葉が生え、9枚目が1枚目の真上になる。

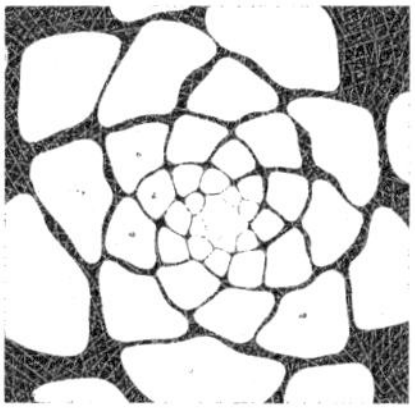

8：5 の葉序の別の例。

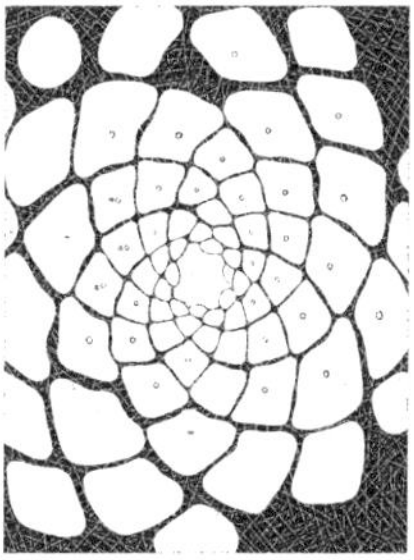

珍しい11：7（リュカ数列）の葉序。

ヒマワリの種。89：55 のフィボナッチ葉序でフェルマーの螺旋形に種が並んでいる。右回りと左回りの螺旋を数えてみるとよい。

枝分かれシステム

分配のパターン

枝分かれしたネットワークは、木の枝や川の支流のような実在のものもあれば、物理的に存在しない思考上の概念として使われることもある。後者の場合、非常に単純なルールで極めて複雑な系統を表現できる(右頁下)。

枝分かれ法の不思議で魅力的な点のひとつは、まったく違う場面や状況で似たような形が見られることである。例えば、稲妻の光る道は川の流路とよく似ている。分散していく系統図と集中へ向かう系統図はもっとよく似た形である(下)。いずれの場合も、枝分かれシステムは何らかのエネルギーを効率的に分配する役目を果たしている。経路の合計距離(または作業量)が最小になるようにして所定の範囲内の全域を結ぶには、これが最もシンプルな方法なのである。

この枝分かれ構造の中に隠れて機能しているシンメトリーに関係しているのが、分岐率である。単純な進み方をする例では、3本の細い流れが集まって1本の小川ができ、3本の小川から1本の支流が生まれ、3本の支流が合流して1本の川になる。このような進み方は川や植物に限らず、動物の血管などでもよく見られるパターンである。自然界における枝分かれのルールはもっと複雑であるが、それでも、比較的単純なアルゴリズムで高度な複雑さを持つ形を作ることができるのはたしかである。

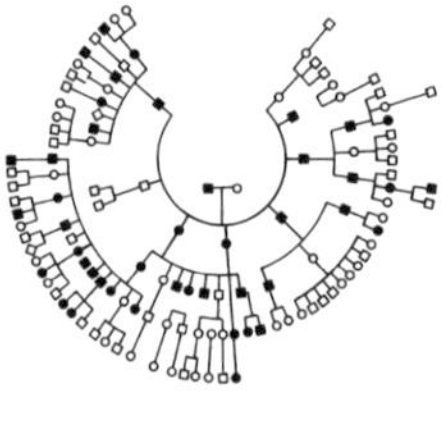

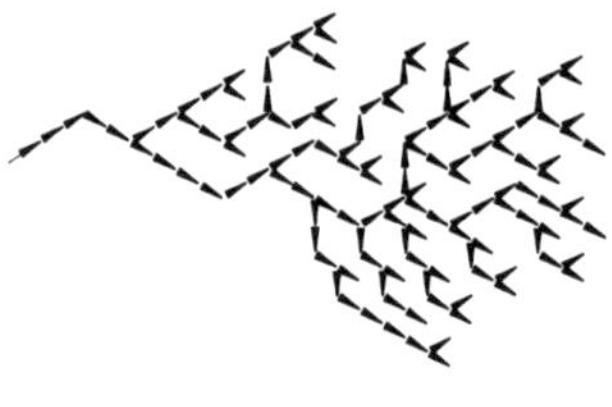

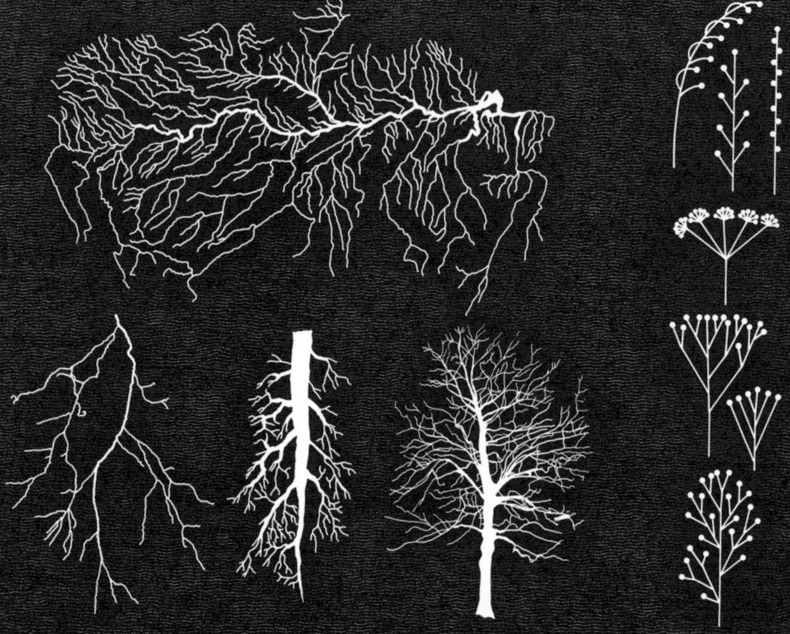

あらゆる枝分かれパターンの一般的特徴として、放射状に広がる(またはその逆の形で収束する)ことと、ある太さの経路よりもその次段階のより細い経路の方が必ず数が多いということがある。河川の水系でも、雷の放電でも、生物においても、それは同じである。

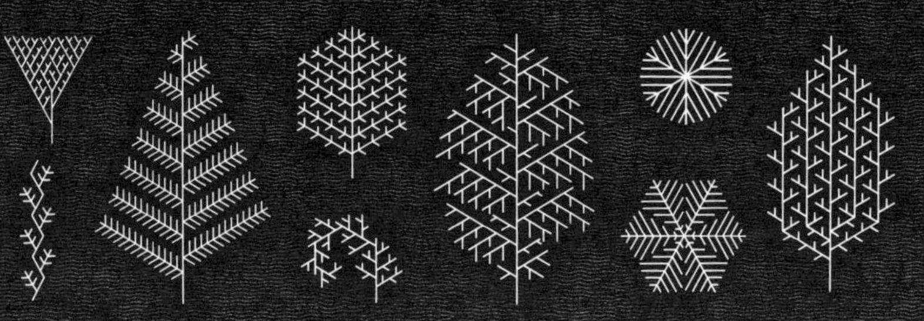

魅惑のフラクタル

無限に続く自己一貫性

自然現象の多くは――おそらく大部分と言ってもいいだろう――、「対称性」という言葉とほとんど関係がなさそうに見える。定まった形を持たない雲、山の起伏、川の乱流、地衣類の広がりかたなどを考えれば、自然は不規則でいきあたりばったりという印象を受ける。しかしそれらすべてにも、じつは一貫性がある。それが判明して以来、自己相似の概念やひいては対称性の概念についても、大きな発展がもたらされた。

自然界にあるものの構造の多くは、いかに複雑で不規則に見えても、認識可能な統計的自己相似性を持っている。わかりやすく言うと、どんなに異なる縮尺で見た時にも同じ形をしているというフラクタル性を示すのである。この概念を逆にすると、高度に入り組んだ現象の中にも隠れた秩序があり、比較的単純な式を用いて複雑な図形を作ることもできるという意味になる。よく取り上げられるマンデルブロ集合(右頁の背景)は、その最も有名で最も複雑な例であろう。

実際、多くの生命体の構造は自己相似というフラクタルの性質を示している。例えば動物の循環器系では、血管が順々により細い管に枝分かれしていって、全身に最も効率よく血液を巡らせることができるようになっている。

数学では数多くの種類のフラクタルが理論上は無限に拡大･縮小されうる。しかし、現実の世界、とくに生物の世界では、目的に合っていることに意味があるので、無限に続くことは滅多にない。血管は無限に細くなったりはしないし、ロマネスコ(カリフラワーの一種で花蕾がフラクタルな形になる)の花蕾がどこまでも大きくなることもない。自然がフラクタル幾何を使うのは、使うことでメリットが得られる範囲内での話なのである。

フラクタルはコンピューターサイエンスとカオス理論の発達に大きく関係しているが、フラクタル幾何学それ自体も歴史ある分野である。20世紀初めに発表された上の図形は、最初は有限の空間と無限の境界線の混和に関する数学的好奇心の産物と捉えられていた。

ペンローズ・タイルと準結晶

驚くべき5回対称シンメトリー

1980年代の中頃、結晶学の世界で驚くべき大発見があった。結晶とアモルファス（非晶質）の間に位置するまったく新しい素材が出てきたのである。

この新しい“物質の状態”で特に驚異的だったのは、それが5回対称性を基本にしているように見えたこと——つまり従来の結晶学の基本法則に反していたことであった。それまでの通説では、2、3、4、6回対称だけが結晶格子を作れるとされていた。発見者シェヒトマンにちなんでシェヒトマナイトと名付けられた新物質（*3*）は、間もなく「準結晶」として分類され、やがて他の準結晶も発見された（準結晶は固体としては、純粋な結晶とガラスの間のどこかに入る）。

当然、この珍しい新素材の新たな用途が見つかりはじめる。高倍率の顕微鏡写真とX線回折による解析で準結晶の構造を調べたところ、常識破りの12回対称構造と、黄金比が含まれていることが明らかになった。

興味深いことに、準結晶が持つゆるやかな対称性は、1970年代初めにオックスフォード大学の数学者ロジャー・ペンローズが発表した平面充填の方法と同じであった。ペンローズは、5角シンメトリーに似た非周期的なタイル貼りを2種類考案した（*4*、*5*、*6*）。準結晶と同様に、このパターンは5回対称に基づいていながらどこまでも続く秩序の要素を持っており、これで平面を充填する方法は無限に多数ある。

1. 5回対称のフローパターンのひとつ。

2. イスラムの装飾タイル。複雑な5回対称が使われている。

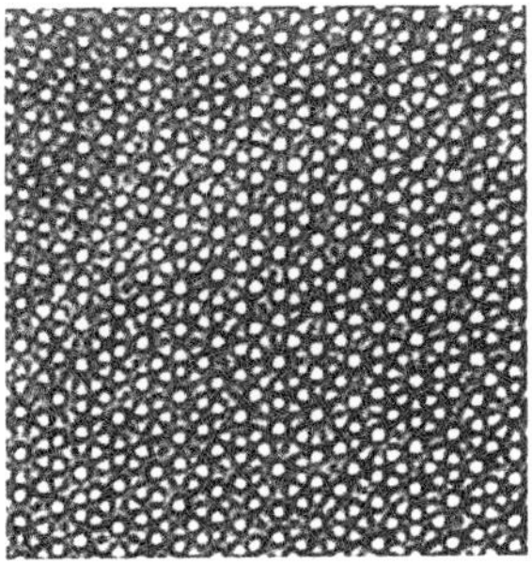

3. 5回対称構造のシェヒトマナイトの顕微鏡写真。

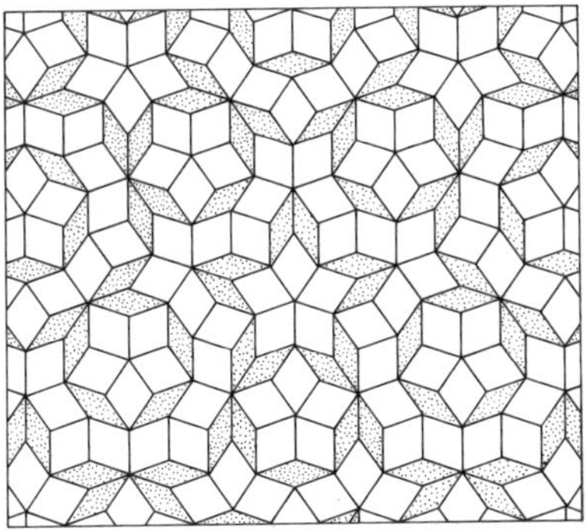

4. ペンローズ·タイル no.1。2種類の菱形を使う。

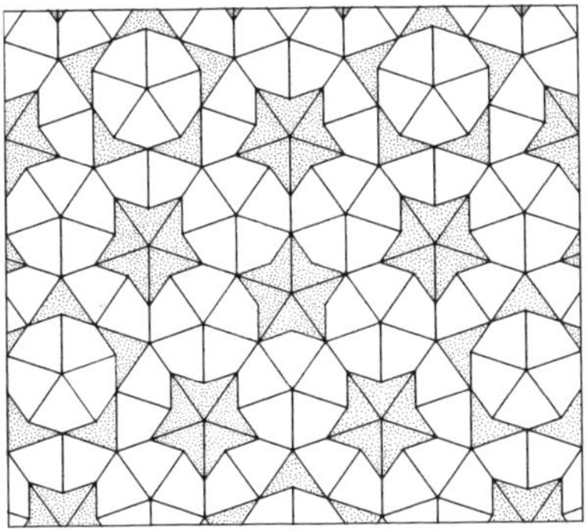

5. ペンローズ·タイル no.2。ダーツ形とアロー形を使う。

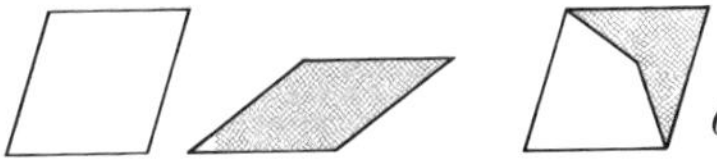

6.

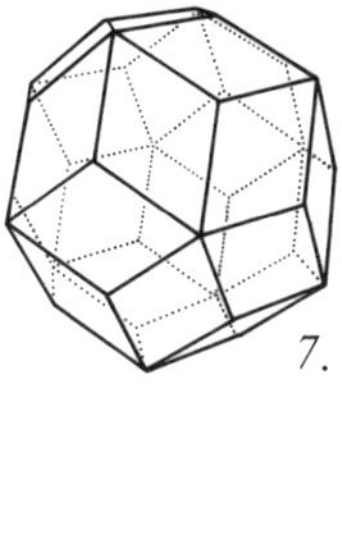

7.

7. 菱形三十面体。ペンローズ·タイルの三次元類似形。準結晶の構成要素。

8.

8. シェヒトマナイトの「雪片」形。アルミニウム·マンガン合金を急冷したときにできる。

非対称（アシンメトリー）

気まぐれのパラドックス

どこまでが対称で、どこからが非対称なのだろうか？　本書カバーにあるローマのモザイクをよく見てほしい。これは対称か、そうではないか？　全体としては対称性があるが、細部をよく見ると、小さい丸い部分の模様はそれぞれ異なっているし、その外のギザギザの輪郭線もデザインが違う。そのためこれは、乱れのあるシンメトリーと呼ぶのが一番適切であろう。本書の「はじめに」の部分で述べた、シンメトリーとアシンメトリーをはっきり切り離せないというパラドックスの一例といえる。

近年の科学界で最も重要な発見のひとつに、「対称性の破れには宇宙論的な意味がある」というものがある（詳しくは46頁参照）。だが、この世界の非常に多くのもので対称性の乱れが見られるのは、周知の事実である。どこを見ても、さまざまな種類といろいろな程度の、対称性からの逸脱がある。人間の体も、外見は全体的には左右対称で肺や腎臓も左右にあるが、消化器や心臓や肝臓はそうではない。外見の左右も完全な対称ではなくおおむね対称という程度である。ほとんどの人は利き手や利き目があるし、顔の左半分と右半分にも微妙な違いがある。

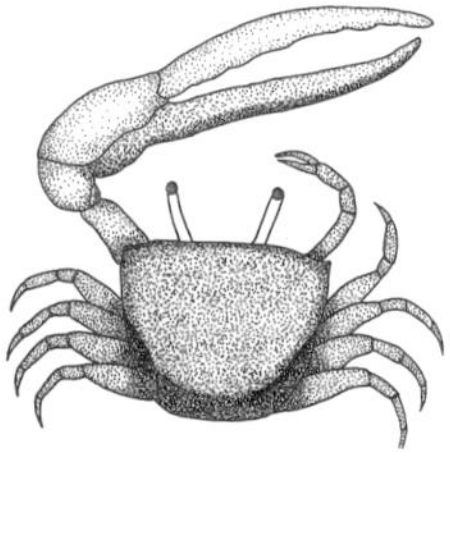

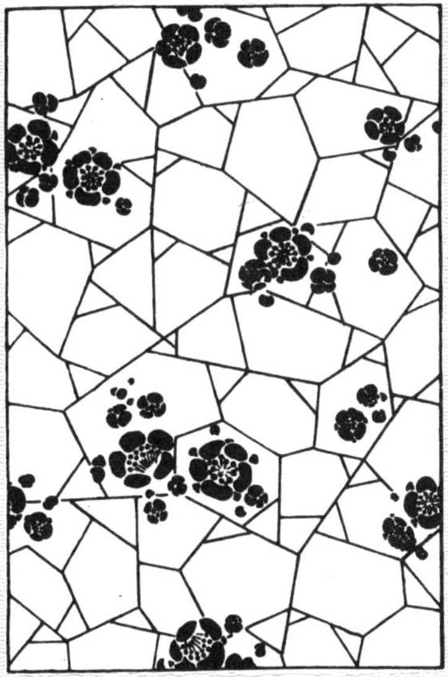

左頁下の絵の生物は左右対称から逸脱しているが、こうした逸脱にはそれなりの理由があり、進化における適応が関係している。
生物は鏡映対称が必要または適切な場合には対称性を維持し、そうでない場合には修正したり放棄したりする。多くの種で、程度の違いはあれ左右不均等が見られる。イスカの嘴、シオマネキのハサミ、ベゴニアの葉には、非対称を選ぶだけの理由があったのに違いない。

美術やデザインの分野におけるアシンメトリーにも触れておくべきであろう。慎重に計算した上で非対称を利用したデザインのモチーフは随所に見られる。宗教や迷信に由来するものもあれば、ダイナミックな緊張感を出すためのこともある（後者のよい例が日本の美術である）。
皮肉なことに、計算ずくのアシンメトリーを使う理由がなんであれ、そこではシンメトリーそのものの概念を潜在的に意識せざるをえない。つまり、美術におけるアシンメトリーはたいていの場合、根本的な秩序原則（対称性）に対する相対的な反応である。

自己組織化シンメトリー

非線形システムのなかの規則性

高度な秩序を持つ結晶の対称性と比べて、微妙で捉えにくい規則性を示す自然のパターンも数多くある。非常に単純な法則性を持つものもあれば、複数の要素が合わさってできているものもあるが、多くは何らかの自己組織化の結果として生じている。

右頁のさまざまなパターンには、ある一般的特徴がある——これらのシンメトリーは、厳密で静的というよりは、むしろテーマ性を持ち、流動的である。例えば海岸のさざ波は、潮の干満、潮流、風、さらに言うまでもないが引力や太陽の熱など多くの要因が働いて生み出される。それらすべてが集まって自己組織化·自己制御の秩序を作っている。その魅力の中核は、反復性を持ちつつ同時に無限の変化がありうる点である。

川もまた自己組織化の性格を持っている。穏やかな流れでも川幅の広い急流でも、似たような曲がった流路になる傾向がある。川の流れのカーブには、明確な数学的パラメーターに従った不変の性質があるのである。

同様の限定力は、もっと下流でも見られる。川が地形を作り、一方で地形は川の流れる道筋を決める。だが、川の流れるルートを制限し、流路の形を作り出すためには、多くの微妙な要素が働いている。

泥が乾いてできるひび割れや陶器のひび模様などのパターンには、大きさが一定不変のシンメトリーが見られる。この種のひび割れは一般に収縮時の圧力によって起きる。素材や条件によってひびの入り方は異なるが、どのひび模様も全体として一貫性があるのが特徴で、また多くの場合ひび割れ模様のサイズもそれぞれ決まっている。ひびは圧力の解放で作られ、圧力の解放により限定される点で、漸進性と自己組織化性を持ち、フラクタル的になる傾向がある。

カオスの中のシンメトリー

極めて複雑なシステムの中にある規則性

対称性と不変性は等しい。とすると、完全に乱れたシステムの代名詞ともいえる乱流はいかなる対称性とも縁がなさそうに見える。乱流系の物理学は、長いこと科学者にとって最も手強い問題のひとつであった。今でも完全に解明されたとは言いがたい。しかし、このプロセスにおけるストレンジ・アトラクターの役割が認識されると、そこから新たな考察が生まれ、複雑系に関する新しい数学的方法が発展してきている。

ストレンジ・アトラクターの謎めいた軌跡は、カオス理論という新しい非線形数学の一部をなしている(フラクタルもカオス理論と関係がある)。これは力学系を「幾何学空間の位置を占めること」として捉える概念と関連しており、その座標はシステムの変数によって定まる。線形システムではこの位相空間内の幾何学はシンプルであり、点または正則曲線になるが、非線形システムにおいてははるかに複雑な形状、すなわちストレンジ・アトラクターが現れるのである。

特に有名なのはローレンツ・アトラクター(*1*、*2*)で、気象予測のカオスモデルの基礎をなしている。もうひとつの古典的な例として、明らかなランダム性の中に美しい規則的形状が見られる「水漏れ蛇口の実験」(*3*)がある。

フラクタル幾何はカオス理論の多くの面に関連しており、アトラクターとも深い関係がある。実際、あらゆるストレンジ・アトラクターはフラクタルであり、カオス理論の例であるロジスティック写像(*4*)もフラクタルである。この写像でカオスに向かう分岐点となるファイゲンバウムの定数は、乱流をはじめとする非線形現象全体において周期倍分岐が起こる数値である。ファイゲンバウム定数は、反復的な周期倍分岐が起こる時には常に出現する。つまり、円周率のπや黄金比のϕと同じ普遍定数で、それらと似た対称性を持っている。

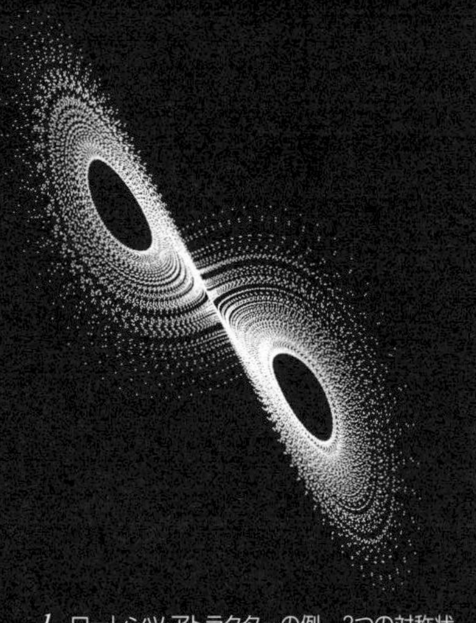

1. ローレンツ·アトラクターの例。2つの対称状態の間を行きつ戻りつする。

2. 弱いローレンツ·アトラクターではより複雑な図形になる。

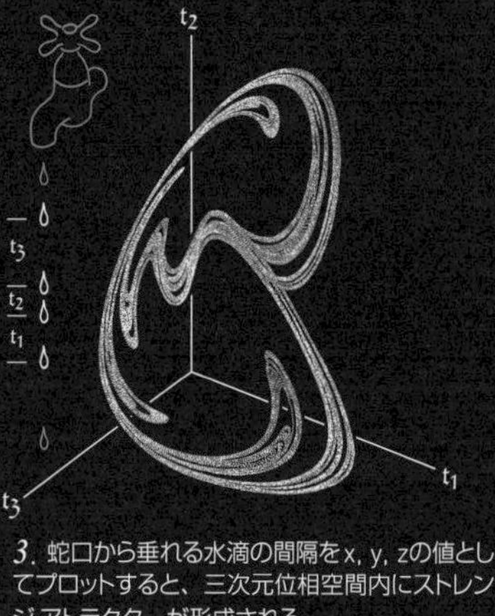

3. 蛇口から垂れる水滴の間隔をx, y, zの値としてプロットすると、三次元位相空間内にストレンジ·アトラクターが形成される。

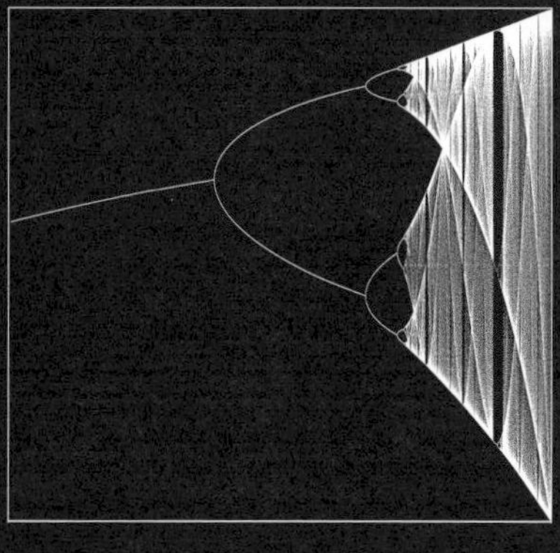

4. フラクタルなファイゲンバウム定数の存在をあらわす力学系分岐図。

物理学における対称性

不変性と自然の法則

閉じた系の内部でのエネルギー量は不変であるため、今日ではエネルギー保存則は対称則であると見なされている。こうした一連の普遍的保存則の発見が、物理学の歴史（少なくとも近代物理学の歴史）を特徴づけると言うことができるだろう。

例えば、ガリレオとニュートンによる重力に関する発見は、本質的に、物質世界に影響を与えつつもある意味ではそこから独立している物理法則の認識であった。すべての物体の間に対称性を持つ力が働くとするニュートンの法則は、重力の不変性、すなわち宇宙のどこでも変わらない性質の発見であった。アインシュタインは、移動する（加速さえする）観察者の視点にまでこれらの法則を広げることで、さらなる対称性を付け加えた。これが一般相対性理論の基礎であった。

現在、重力は、あらゆる自然現象の基本である「4つの力」のひとつにすぎないとされている。数学者エミー·ネーターは対称性という抽象概念と力の作用との関連性について考察し、20世紀最大の知的業績のひとつとされるネーターの定理を確立した。物理法則は通常の空間のあらゆる部分に等しく働くので、並進対称性を持つと考えられる。この対称性はほとんどの基本的レベルにおいては運動量保存則の結果（または運動量保存則と等価）である。また物理法則は時間による変化がないので、時間の中で並進する点で対称であり、エネルギー保存則につながる。

現代物理学では対称性と自然の法則の間には絶対的な関連があるため、物理学者たちは新しい保存則の探求において意識的に「不変性」を探している。「現実」の中には隠された対称性が縦横に張り巡らされているように思える。

ネーターの定理
「物理法則のあらゆる連続的対称性について、そこには保存則が存在する。あらゆる保存則について、そこには連続的対称性が存在する」（エミー・ネーター，1915）

美術におけるシンメトリー

創造の制約と可能性

いつの時代のどの場所にも美術が普遍的に存在することを考えれば、美術への欲求は人間の基本的反応であるといえるだろう。しかし社会における美術の目的や役割は、それぞれの文化環境の違いに負けず劣らず多様である。

美術は、まじないや宗教上の目的で使われることもあれば、単なる描画や装飾のこともある。しかし、目的や機能がなんであれ、時代や場所ごとに主流の美術様式がある。

美術にシンメトリーが登場する場合、シンメトリーは美術様式の内容と密接に関係している——なぜなら、シンメトリーは美術においてもそれ以外の場所においても、組織化原理だからである。人間はシンメトリーに敏感な生物であるように思える。

人間は本来的にパターンを見つけようとするので、シンメトリーが美術から完全に姿を消したことはない。美術や建築における比率、均整、シンボリズムについては50頁で述べるが、おおざっぱに言って、シンメトリーが最もよく現れるのは装飾美術の世界である。

世界のどこでも、いわゆる部族社会の人々は鏡映と回転という基本的なシンメトリーをよく使う。特に左右対称の配置は構図として効果的であり、「未開の」社会でも先進的な社会でも広く利用されている。二面対称もよく見られ、その究極の例としてゴシックの聖堂を飾る薔薇窓がある(*10*)。

とはいえ、美術におけるシンメトリーの役割は文化によってさまざまに異なる。シンメトリーがさほど重視されない文化もあれば、シンメトリーの可能性をとことん追求する文化もある。面白いことに、こうしたシンメトリーへの関心度の差はどんな発展段階の社会にも見られる。当然ながら、シンメトリーへの関心が高いところでは表現も豊かであり、極めて幅広く多彩に発展した装飾が生まれている。

1. プエブロ族の土器の模様

2. ケルトのざる

3. アンデスの皿

4. イスラムのモチーフ

5. セルジューク・トルコのモザイク

6. ロマネスクの意匠

7. ペルシャの陶器

8. 北太平洋沿岸の箱

9. アイヌの民族衣装

10.

パターンへの情熱

時代を超えて人気を保つ繰り返し模様

なんであれ、繰り返せばそこにはおのずからパターン模様が生まれる(例えば編み物、織物、レンガ積み、タイル貼りなど)。しかしパターンのデザインはそれ自体で、文化の様式伝統の一部分になっていることが多い。

パターン模様はほとんどの文化で装飾のレパートリーとして使われているが、そんな中、それぞれ時代も場所も異なるが、パターンのデザインに情熱を燃やして芸術表現にまで高めた文化がいくつか存在した。イスラム世界の複雑な図案はつとに有名だが、他にもケルト文化圏、中南米、ビザンツ帝国、日本、インドネシアなどがあげられる。パターンにそれほど熱意を持たない文化圏の人々も、繰り返しパターンを用いた装飾模様の美しさを愛でることは問題なくできる。繰り返し模様にはある種の普遍性があるのである。

規則的なパターン模様を作るには、装飾するスペースの広さを測る必要がある。そのため、芸術家たちは意図的に(または特に意識せずに)平面分割の対称性群を司る法則にかかわっていくことになる(56、57頁参照)。しかし実際にはこうした制約がデザインに枷をはめることはなく、むしろバラエティー豊かに変化させるきっかけという役目を果たしている。

繰り返し模様での平面充填は17種類に分かれることが証明されているが、少なくとも古代エジプトとイスラムの美術伝統はその17種すべてを使うレベルにかなり近づいていた。研究ではなく美術の現場で体系的に模様を追求して対称性群の全体像に肉薄したということは、図案パターンを創造する芸術とパターンを究明する科学との境界線は意外にあいまいなのかもしれない。

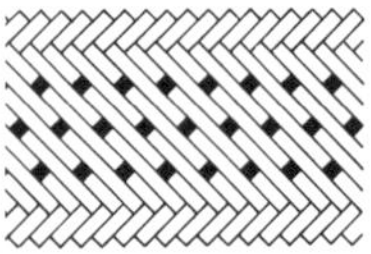

シンメトリア

崇高なる均整

ルネサンス期には、古典古代のシンメトリー概念に対する関心が再燃した。ローマの建築家ウィトルウィウスが提唱した「部分部分を調和の取れた形で配置する」というシンメトリーの概念は、もっと古いギリシャ時代の思想、すなわち宇宙の内に基本的秩序と調和を見出そうとする考え方を源流としていた。この思想は、ピタゴラスとその弟子たちの哲学と結びついていた。ピタゴラス学派は幾何学、特に比率と均整の幾何学こそが宇宙を深く理解するための鍵だと考えていた。

システムの各部分と全体との間の調和的な関係という概念には説得力がある。ヨーロッパでも他の地域の文明でも、古代の建築物にいくつかの特定の比率が使われていた証拠が多数見つかっている。その伝統を継承した文化では、その後もそうした比率の使用が一部に残った。イスラム世界の建築やゴシックの大聖堂、ルネサンス時代の古典古代再評価などがよい例である。

ウィトルウィウスは『建築について』で、次のように述べている。「シンメトリーは均整から生まれる結果である。均整は、全体とそのさまざまな構成要素との釣り合いである」。この考え方の影響を受けたルネサンスの建築家アルベルティは、建築にピタゴラス学派の比率体系を導入し、その概念を人体の寸法の比率と関連付けた。この発想を特に積極的に取り入れたのが、画家のアルブレヒト・デューラーとレオナルド・ダ・ヴィンチだった。

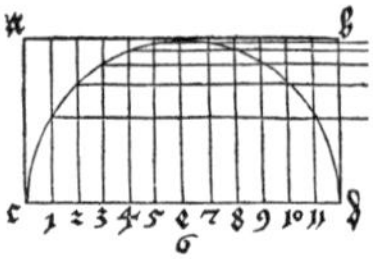

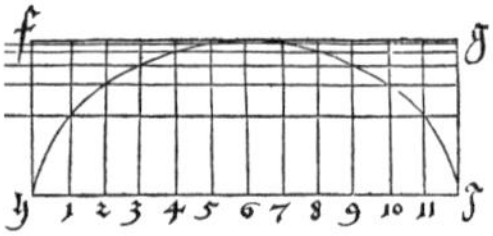

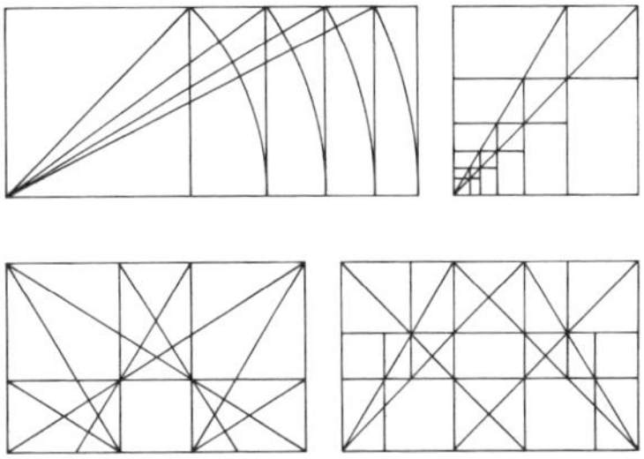

$\sqrt{2}$、$\sqrt{3}$、ϕ などさまざまな比率を使って、均整の取れた四角形を順々に作っていくことができる。

多くの古代文明の建築物に、調和の取れた均整が見られる。

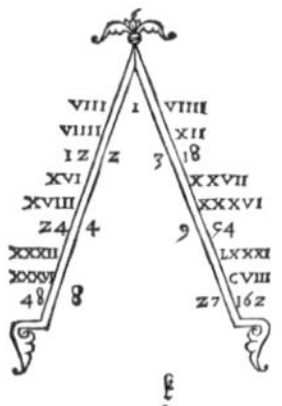

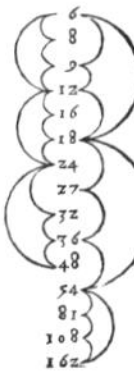

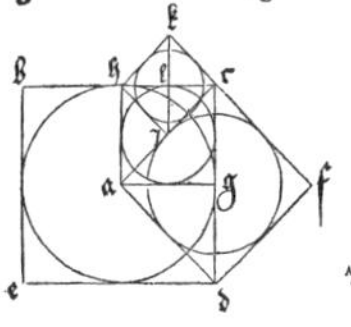

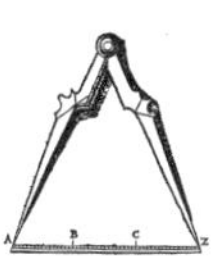

形式主義

安定を象徴する対称性

シンメトリーはしばしば形式を重んずる場所や場面に用いられる。形式の重視は、現状の肯定や、さらには現存の社会秩序・制度の維持と必然的に結びついている。宮殿や行政機関、崇敬・礼拝用の建物にシンメトリーが使われる理由もそこにある。儀式の舞台装置、公的な場の庭園、フォーマルなダンスなどが規則的な構造になっているのも、似たような理由による。そこでのシンメトリーの役割は、安定と持続を象徴することである。既成の秩序は安定と持続を願い、その秩序の追従者たちも真似をする。形式重視主義の中に隠されているのは、あらゆる面において何らかの"秩序の概念"との結びつきを作ろうとの意図なのである。

この種の形式的な構成の中では、個別性はより大きなパターンの中に飲み込まれて見えなくなりがちである。古代の成熟した文明(ファラオの統治したエジプト、メソポタミア、中南米など)は、あらゆる行為が細かく規定され、形式が重視された極端な例である。彼らが残した巨大な建造物は、彼らの厳格な世界観をはっきりと表す証拠と言える。対称性を持つピラミッドやジッグラトなどの建造物は、天と地を結ぶものだっただけでなく、それらを作った階層制社会の縮図でもあった。そしてなによりも、壮大な左右対称の建造物はいつまでも続く安定性の象徴であった。

やがて、よりダイナミック(動的)な社会が勃興するとそれまでの古代文明は衰退したが、公的な秩序と形式的統一性のメタファーとしてのシンメトリーの利用は、次の時代にも受け継がれた。儀礼や儀式は今も政治の中で重要な役割を果たし、シンメトリーは権力の正統性をあらわすシンボリズムの一部として使われ続けている。

PORTRAIT. DES. CHASTEAVX.ROYA
VX.DE. SAINCT. GERMAIN. EN.
LAYE.
A La riuiere de seyne
B Le iardin des canaulx a 113 toises de long et 25 de large
C Le iardin en pente a 113 toises de long et 52 de large
D Le iardin qui est entre les deux bosquetz a 74 toises de long et 40 de large
E Les deux bosquetz ont chascun 30 toises de long et 40 de large
H La grotte de neptune
I La grotte des orgues
K Les chapelles du roy et de la royne
L Les deux petits iardins ont
toises de long et 23 de large
M La grande salle a 14 toises de long et 5 de large
N Les galleries du roy et de la royne ont 34 toises de long et 3 de large
O La cour de deuant la grande salle a 30 en carre
P Les deux cours des officiers ont 28 toises de long et 20 de large
Q La cour dentre les deux chasteaux a 134 toises de long et 74 de large
R Le ieu de paulme.
T La basse cour a 79 toises de long et 26 de large
V Le grand iardin du roy a 150 toises de long et 97 de large
du depuis la cour qui est deuant la grande salle iusques a la riuiere il ia 28 toises de pente
X Le parc a 1445 toises de long et 725 de large

実験的なシンメトリー

知覚と規範

対称性はあらゆるものに関わりのある原則である。これまでに見てきたように、対称性は数え切れないほど多彩な形で自然の構造に含まれており、物理世界をより深く理解する上で鍵となる重要な概念にもなっている。また、対称性には美的な側面があり、最も定義しにくい概念である「美」に大きく関わっている。

もう少し気付きにくい面としては、社会的存在としての人間の普段の生活や経験の中で対称性という秩序原則が果たしている役割がある。これはあまり意識されないが実は大きな役割である。まず、相互関係という社会規範の基本に、対称性の要素がある。何らかの交換を行うとき、われわれは公平な取引を期待する。この「公平」という感覚は人間に本来的に備わっているだけでなく、高等霊長類にもみられるようである。さらに、あらゆる司法制度にはこの釣り合いの概念が反映されている。法や正義の象徴として左右対称を最もよくあらわす天秤の絵が使われることからもそれがわかる。

釣り合いと相互関係は、宗教信仰のシステムでも大きな働きをしている。たいていの宗教は、現世でのおこないが死後の運命を決めると説く。天国の対極には地獄がある（厳しい掟で縛る宗教ばかりではないが……）。

あらゆる宗教戒律のなかで最もエレガントなのは、黄金律であろう。「他人にしてもらいたいと思うことを、他人に対してせよ」（または、「他人からされたくないことは他人にするな」）という教えである。孔子、イエス･キリスト、ヒルレル（ユダヤ教のラビ）など多くの指導者がこれを説いている（古代インドの叙事詩マハーバーラタにも、旧約聖書レビ記にも書かれ、ストア哲学者も勧めている）。黄金律は完成された倫理的姿勢であり、非常に美しい対称性を示している。

上：万華鏡はランダムなものの集まりを美しい像に変える。
下：物質と反物質、電子と陽電子。

上：量子の無作為な動きは、全体として対称性を持つ分布となる。
下：コーヒーカップの中のシンメトリー。

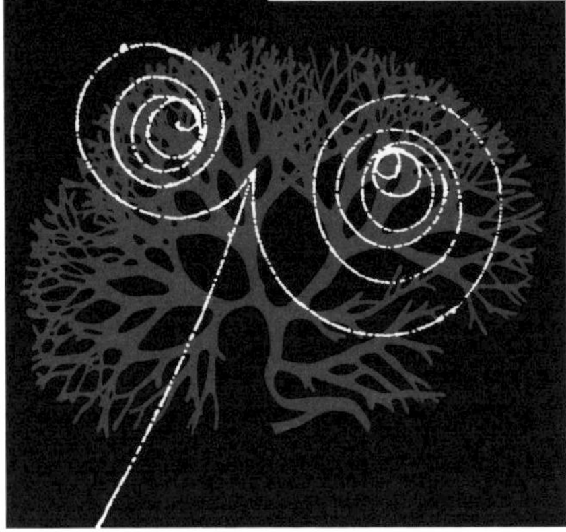

群

左：点群
中心を持つ二次元対称。点を中心に回転（左）、線を中心に鏡映（中）、鏡映+回転（右）。

右：線群
線に沿っての二次元対称。反復、回転、鏡映を組み合わせることで7つの群が生まれ、それらは理論的には無限に広げることができる。

下：網目
基本の5種類の網目（下）が平面パターンのバリエーションを作る。

下：平面群
あるモチーフからさまざまな平面パターンを作っていくと、決まった法則のセットにいきつく。基本の網目を使い、回転と鏡映の組み合わせとして可能なすべての方法でモチーフを動かすと、17種類が生まれる。

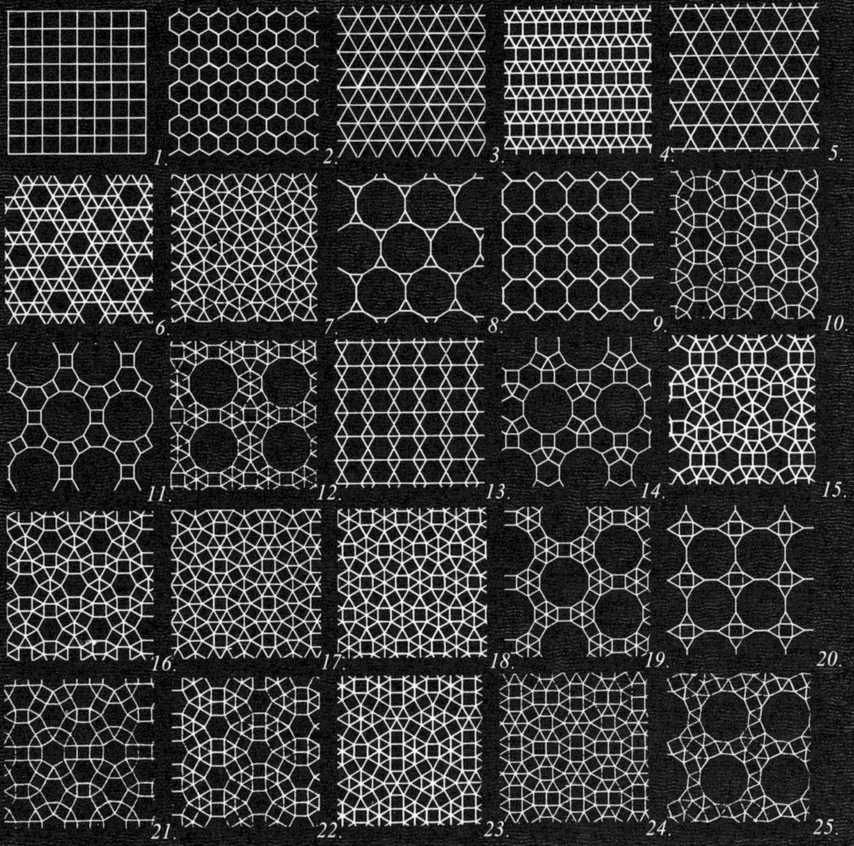

平面分割：平面の正則分割（ないしタイル貼り）にも、同様の限定がある。正多角形で平面を隙間なく充填する方法は正三角形、正方形、正六角形による3通りしかなく（*1*、*2*、*3*）、正五角形では充填できない。平面充填を分類した時に頂点に立つのがこの3つである。他に、正多角形の組み合わせによる平面充填には、頂点形状が一様な半正則（セミレギュラー）分割*8*種類（*4-11*）と、それ以外の部分正則（デミレギュラー）分割14種類（*12-25*）がある。

用語解説

アイソメトリー　ある図形を合同な図形上に重ね合わせるような移動または変形。そのままの向きの場合も、裏返す場合もある。

アトラクター　力学系において、システムが発展してできてゆく集合。

アルゴリズム　一連の数学的な処理手順を定めた、計算のためのルール。

移動　合同な物体を対称のひとつの位置から別の位置へ動かすこと。そのままの向きの場合も、裏返す場合もある。

渦巻と螺旋　中心線または中心線に対して規則的に回るので、これらも対称である。

円錐曲線　2次曲線。円錐面を任意の平面で切断したときの断面として得られる。

黄金分割、黄金比　線分を2つに分割した時、短い部分と長い部分の比が、長い部分と全体との比に等しいような比率。

回転　点を中心としたアイソメトリックな移動。360°回転させる間に元の図形に2回以上重なり合う場合、その図形は回転対称である。

カオス理論　複雑な非線形力学系において、厳密で決定論的な原因から一見するとランダムで予測不可能な複雑さが生じる現象や、そこに隠された整合性について扱う数学理論。

鏡映　二次元では鏡映線、三次元では鏡映面を中心として等尺で鏡像になるように移動させること。

キラル　ある図形が、その鏡像と重ね合わせることができないこと。

グノモン　平行四辺形からそれと角を接する相似の小さな平行四辺形を取り除いた形。もとの平行四辺形に足したりひいたりしてもオリジナルと相似になる。

群論　対称性を記述するための数学的言語。

周期性　対称性において各要素の間隔が一定であること。

ストレンジ・アトラクター　カオス性を持つアトラクター。

相転移　システムがある状態から別の状態へ転移すること。例えば溶解、沸騰、磁性など。通常、対称性の変化を伴う。

点対称　点を中心とした対称。

同一構造性　違う言葉で説明されていても同じ抽象構造を持っていること。

二面対称　鏡映対称軸と回転中心点を持つ有限な配置。

波動方程式　調和波の媒質内での伝わり方をあらわす微分方程式。この方程式の形は、媒質の性質と波を伝達させるプロセスによって変わる。

ϕ（ファイ）　黄金数$(\sqrt{5}-1)/2 = 0.6180339887$のこと。$\phi$に1を足すと$\phi$2になる。$\phi$から1を引くと$\phi$の逆数になる。

ファイゲンバウム定数　ロジスティック写像において、周期逓倍点の間隔が縮まる比率をあらわす数学の定数。ほぼ4.6692016。記号はδ。

不変性　数学では、何らかの手順を行っても変化しない式または量。物理学では、時空間において法則が等しいことで、事実上対称性と同じ。

フラクタル　いかなる倍率でも同じ形状が繰り返し現れる幾何学図形。

分岐　2つに枝分かれする分割プロセス。

並進　図形を回転させずに平行移動させること。

膨張　中心点から放射状に伸びる直線を利用した拡大（または縮小）によって生じる、対称図形の変形。

保存則　ある物理量の総和はいかなる反応によっても変化しないこと。

両側性　一般的には、左右対称であること。専門的には、二次元での直線に対しての鏡像または三次元での鏡面に対しての鏡像。

連続的対称性　対称性群において、無限に対称性の操作がありうる（どれだけ繰り返しても同じ対称性を保つ）こと。例えば円や球。

著者 ● デーヴィッド・ウェード

デザイナー。ウエールズ在住。シンメトリーの考察を長年続ける。

訳者 ● 駒田 曜（こまだ よう）

翻訳者。訳書に『錯視芸術』『宇宙入門』『古代マヤの暦』『幾何学の不思議』（本シリーズ）など。

シンメトリー 対称性《たいしょうせい》がつむぐ不思議《ふしぎ》で美《うつく》しい物語《ものがたり》

2010年10月10日第1版第1刷発行
2022年 1 月20日第1版第7刷発行

著　者　デーヴィッド・ウェード
訳　者　駒田曜
発行者　矢部敬一

発行所　株式会社 創元社
https://www.sogensha.co.jp/

本　社　〒541-0047 大阪市中央区淡路町4-3-6
Tel.06-6231-9010 Fax.06-6233-3111
東京支店
〒101-0051 東京都千代田区神田神保町1-2 田辺ビル
Tel.03-6811-0662
印刷所　図書印刷株式会社
装　丁　WOODEN BOOKS／相馬光（スタジオピカレスク）

ISBN978-4-422-21481-8 C0340